»Wege entstehen dadurch, dass man sie geht.«

Franz Kafka

www.auf-fliegender-mission.de

SANTA LUCIA
NUVOLA
WAPATUMI
BELEM
ALTAMIRA
RIO DE
JANEIRO

Auf fliegender Mission 02

Der Verschwundene Papyrus 02

Was bislang geschah

Kasimir, ein fliegender Teppich aus dem alten Ägypten, und sein Freund Ali helfen dem Königssohn Giorgios, den gestohlenen Familienschatz seines Vaters zurückzubekommen.
Auf dem Rückweg von diesem Abenteuer werden die beiden von einem unheimlichen Sturm überrascht. Ali geht dabei verloren und Kasimir findet sich, viele Hundert Jahre später und Tausende Kilometer entfernt, auf der Terrasse der drei Geschwister Stella, Matteo und Hanna wieder.
Die vier freunden sich sofort an. Auf ihrem ersten gemeinsamen Flug zum Salzburger Zoo eröffnet Kasimir seinen neuen Freunden, dass sie von nun an durch seine Magie die Sprache der Tiere verstehen und sich mit ihnen unterhalten können. Im Zoo lernen sie dadurch den verzweifelten Tukan Kainu kennen, dessen Familie im Amazonasgebiet verschollen ist. Kasimir und die Geschwister entschließen sich, Kainu zu befreien, und sich mit ihm auf den Weg nach Paris zu machen. Dort hoffen sie, dessen Vetter Valentin zu finden, um mehr über den Verbleib von Kainus Familie zu erfahren.

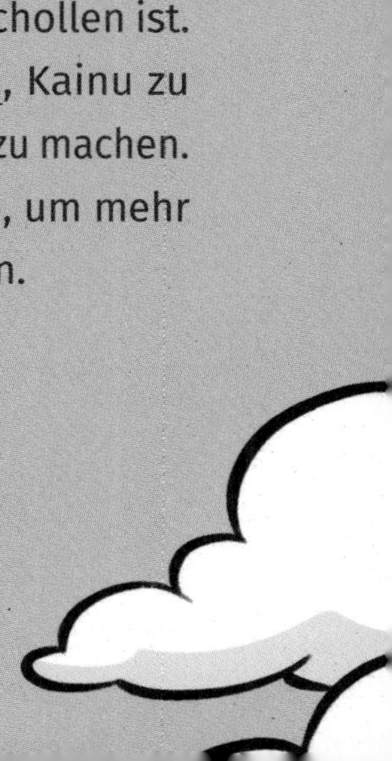

1. Moderne Zauberei

Als Stella zurückschaute, erblickte sie tief unter sich den Großvater, wie er ihnen hinterherwinkte. Einen Augenblick später war er schon nicht mehr zu sehen, so schnell flogen sie mit Kasimir Richtung Paris.
Matteo, der Paris in die Navigations-App seines Handys eingegeben hatte, war dabei, ihm die Flugrichtung anzusagen. Für Kasimir war es noch ein Rätsel, was es mit diesen Zauberdingern der Kinder auf sich hatte. Wie sollte denn dieses kleine, schwarze Ding wissen, wohin sie genau fliegen mussten? Matteo hatte ihm versichert, dass es funktionierte. Wenn das stimmte, dann musste es sich um irgendeine Magie handeln, davon war Kasimir felsenfest überzeugt. Er würde schon noch dahinterkommen, das nahm er sich fest vor.

Die Kinder waren immer wieder beeindruckt, wie anders alles von hier oben aussah, aber sie hatten sich auch schnell an das Reisen auf dem Teppich gewöhnt. So fingen sie an, sich voneinander zu erzählen, schließlich wussten sie ja kaum etwas über das Leben ihrer neuen Freunde.
Kainu begann, von seiner Familie und seiner Heimat Para in Brasilien zu berichten. Vom endlosen, immergrünen

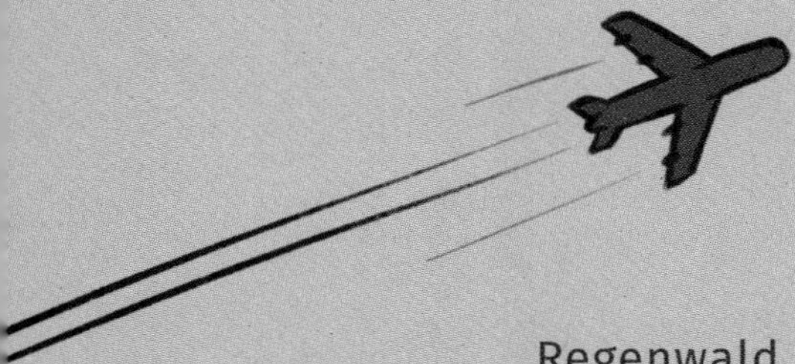

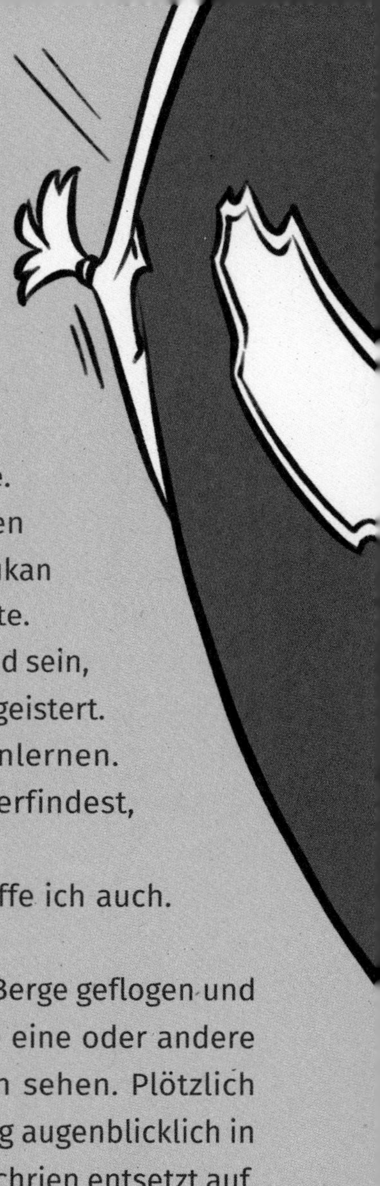

Regenwald mit
all seinen ungewöhnlichen
Bewohnern, und von den Abenteuern,
die er mit seinen Freunden erlebt hatte.
Die Kinder hörten gebannt zu und waren
fasziniert von dem Leben dort, das der Tukan
ihnen in den buntesten Bildern schilderte.
»Kainu, das muss ja ein wunderbares Land sein,
aus dem du kommst«, meinte Stella begeistert.
»Das würde ich gerne einmal kennenlernen.
Ich hoffe, dass du deine Familie wiederfindest,
und wir dich mal besuchen können.«
»Glaub mir«, beteuerte Kainu, »das hoffe ich auch.
Sehr sogar!«
Sie waren schon eine Weile entlang der Berge geflogen und hatten dabei einen großen See und die eine oder andere kleinere Stadt unter sich vorbeiziehen sehen. Plötzlich zuckte Kasimir heftig zusammen und ging augenblicklich in einen wilden Sturzflug über. Die Kinder schrien entsetzt auf. Erschrocken krallten sie sich in den Teppich.
Kasimir schoss immer schneller nach unten, als würde er sich vor irgendetwas Grauenvollem verstecken wollen. Er zitterte am ganzen Körper.

»Was ist denn los, Kasimir?«, brüllte ihm Hanna zu.
»Ich muss uns in Sicherheit bringen.«
»Aber wovor?«
»Vor diesem Ding da oben, seht ihr es denn nicht? Das muss ein mächtiger Dschinn* sein! Von so etwas großem Fliegenden habe ich noch nie gehört. Das ist ein großer, großer Zauber!«
Die Kinder sahen erschrocken hinauf zu dem Punkt, auf den er deutete.
Zu ihrer Erleichterung erkannten sie jedoch, dass es sich dabei um ein Flugzeug handelte. Matteo fasste sich als Erster und rief: »Kasimir, du kannst dich beruhigen. Das da oben ist kein Dschinn und auch kein böser Zauber, sondern ein Airbus 320, der unterwegs nach München ist. Denn das ist die Stadt, an der wir, laut meinem Navi, im Moment südlich vorbeifliegen.«
»Wie, was meinst du?«, rief Kasimir, immer noch im Sturzflug.
»Was ist ein Ähhrbuus? Ist das kein gefährlicher Zauberer?«
»Nein, nein!«, rief Matteo zurück. »Das ist ein Flugzeug, damit fliegen Menschen von einem Ort zum anderen. Wie ein moderner fliegender Teppich. Nur viel größer und es passen mehr Menschen rein. Es ist das Normalste der Welt.«
»Bist du dir da auch ganz, ganz sicher?«, fragte Kasimir immer noch skeptisch, aber langsamer werdend.
»Ganz bestimmt, Kasimir!«, sagte jetzt auch Stella. »Es besteht überhaupt keine Gefahr.«
Erleichtert brach er den Sturzflug ab. Er gewann wieder an

Höhe und beschleunigte kräftig, um schnell weit weg von diesem unheimlichen Flugdings zu kommen.
Nach diesem Schreck waren alle etwas bleich im Gesicht. Das konnte ja heiter werden, wenn Kasimir bei allen Errungenschaften der modernen Technologie einen solchen Zirkus aufführen würde, dachte Stella.
Matteo, der den Schreck schon wieder überwunden hatte, gab Kasimir, um ihn etwas abzulenken, die neue Richtung nach Paris durch. Der fliegende Teppich nickte nur. Diese Zeitreise mit all ihren Konsequenzen und Überraschungen, machte ihm gehörig zu schaffen. Nach einiger Zeit, als er sich wieder beruhigt hatte, fragte er Matteo, ob er ihm mehr über diese modernen fliegenden Teppiche erzählen könne. Das ließ sich Matteo, den alles Technische begeisterte, und der es liebte, sich darüber mit jemandem zu unterhalten, nicht zweimal sagen. Er war in dieser Hinsicht ein wandelndes Lexikon, das, erst einmal in Fahrt, so schnell nicht mehr zu stoppen war.
Und während Kasimir mehr über Flugzeuge erfuhr, als ihm lieb war, überflogen sie große, dicht bewaldete Hügelketten. Vor ihnen in der Ebene glitzerte wie ein silbernes Band ein großer Fluss. Kasimir, den dieser Fluss an den Nil, und damit an seine Heimat erinnerte, flog tiefer, um ihn besser betrachten zu können. Dabei flog er so tief, dass er nur wenige Meter über den viel befahrenen Straßen dieser Gegend dahin schoss. Zum Glück hatte Matteo ihm schon in

Salzburg ein wenig über diese komischen fahrenden Kisten da unten erzählt. Wie es schien, benutzten die Menschen hier keine Kamele mehr, sondern diese Dinger auf vier Rädern. Außerdem gab es viele bunte Futterstellen. Oder Tankstellen, wie Matteo meinte. Dort konnten diese Kisten trinken. Diese Autos schienen sehr wichtig für die Menschen zu sein. Wenn er mal mehr Zeit hatte, wollte er sich diese unglaublichen Erfindungen genauer anschauen. Man wusste ja nie, was man davon lernen konnte.
Im Moment aber steuerte er auf mindestens zwei Teppichlängen hoch hängende Drahtseile zu. Das mussten wohl solche Zäune sein, wie er sie bei den Kindern in ihrem Dorf gesehen hatte, dachte er sich. Nur größer. Aber wie groß mussten denn dann die Kühe hier sein, wenn diese hohen Zäune für sie gedacht waren? Er grübelte gerade darüber nach, als er im Begriff war, die Drahtseile in niedriger Höhe zu überfliegen, da hörte er Hanna plötzlich panisch schreien: »Kasimir!! Vorsicht!!!«
Doch zu spät. Wie aus dem Nichts wurden sie wild durch die Luft gewirbelt und nach vorne gerissen. Die Kinder konnten sich gerade noch am Teppich festklammern.
Kasimir verstand die Welt nicht mehr und hatte keine Ahnung, was gerade passierte. Aus den Augenwinkeln sah er, dass eine Riesenschlange, keine Teppichlänge unter ihnen, sie mit sich nach vorne riss. Instinktiv zog er mit aller Kraft nach oben und schaffte es, sich aus dem Sog zu befreien und sie in

Sicherheit zu bringen. Entsetzt starrte er der Riesenschlange hinterher, die sich rasend schnell von ihnen entfernte.
»Ganz ruhig, Kasimir«, sagte Stella schnell. »Auch dieses Mal – kein böser Zauber. Alles okay. War nur ein Zug, der uns in seinem Fahrtwind mitgerissen hat. Kein Grund zur Sorge.« Sie versuchte ruhig zu klingen, obwohl sie innerlich doch gewaltig erschrocken war.
Den anderen, einschließlich Kainu, ging es ähnlich. Matteo, der sich schon wieder gefangen hatte, bemerkte trocken: »Na, eines kann ich dir sagen – langweilig wird das Reisen mit dir wirklich nicht.«
»Tut mir schrecklich leid«, erwiderte Kasimir. »Aber wenn ich gewusst hätte, in welche Gefahren mich diese Reise bringt, hätte ich's mir wahrscheinlich anders überlegt. Was war denn das, beim ehrwürdigen Sched* für eine riesengroße Zauberschlange? Welcher bösartige Dschinn hat sich denn so einen, wie sagtest du noch, einen ›Tsuuug‹ ausgedacht?«
»Keine Sorge, Kasimir«, sagte Matteo. »Das war nur ein ICE, ein Hochgeschwindigkeitszug. Und es steckt auch kein Dschinn dahinter, sondern ein paar gute Ingenieure, die sich das ausgedacht haben, damit Menschen schnell von einem Ort zum anderen kommen. Aber Kasimir, hast du denn nicht die Bahnstromleitung gesehen?«
»Die was?«, fragte Kasimir.
»Die Drahtseile dort unten«, sagte Matteo.
»Die Seile? Doch die habe ich gesehen. Ich hatte aber

*Sched - Ägyptischer Gott, Retter vor gefährlichen Tieren

gedacht, dass das ein Zaun für Kühe ist. So wie bei euch zu Hause. Aber ehrlich gesagt, hatte ich mich auch schon ein wenig gewundert, wie groß die Kühe denn hier sein müssen«, meinte Kasimir etwas verlegen.
Die Kinder und Kainu schauten sich an und lachten wild los.
»Riesenkühe!«, japste Hanna und hielt sich den Bauch.
Kurz darauf überflogen sie den großen Fluss. Dabei stellte Kasimir ernüchtert fest, dass es wohl nicht, wie er insgeheim gehofft hatte, der Nil war. Alles drum herum sah so ganz anders aus als zu Hause. Auch die Boote waren anders. Viel größer. Außerdem konnte er sich nicht erklären, wie die Schiffe denn vorwärtskamen, denn sie hatten weder Segel noch Ruder. Wahrscheinlich schon wieder so eine technische Zauberei! Er setzte es auf seine Liste der Dinge, die er Matteo in einem ruhigen Moment unbedingt fragen musste. Er würde sich all das merken, denn dann könnte er, wenn er irgendwann wieder zu Hause bei seiner Familie war, dieses Wissen gut gebrauchen. Alles, bis auf diese Flugzeuge, dachte er bei sich, denn wenn der Sultan ein Flugzeug hätte, dann bräuchte er ja keine fliegenden Teppiche mehr. Was für ein schrecklicher Gedanke! Nein, nein, von diesen Flugzeugen würde er niemandem etwas erzählen. Niemals!

2. Professor Bernard

In der Zwischenzeit lag der Fluss schon lange hinter ihnen und sie näherten sich langsam Paris. Nachdem es die letzten paar Minuten ausnahmsweise keine neuen Aufregungen gegeben hatte, merkten sie, wie hungrig sie waren. Stella öffnete den Rucksack und verteilte die wunderbaren Sandwiches, die die Großmutter ihnen mitgegeben hatte. Sie schmeckten hier oben nach all der Aufregung noch leckerer als sonst.

Auch Kainu bekam etwas davon ab. Allerdings konnte er sich nicht so richtig für diese viel zu weichen Schlabberdinger begeistern.
Ohne weitere Zwischenfälle erreichten sie bald eine Gegend, in der sich Haus an Haus zu reihen begann. Ein anscheinend endloses Häusermeer, das sich bis an den Horizont ausbreitete. Laut Matteos Navi mussten das schon die ersten Vororte von Paris sein.
Es war mittlerweile später Nachmittag geworden und sie stellten erschrocken fest, dass sie noch gar keinen Plan hatten, wo sie denn in dieser riesigen Stadt mit ihrer Suche beginnen wollten. Alles war so schnell gegangen – der Entschluss Kainu zu helfen, die Flucht und dann die Aufregungen des Fluges –, dass sie ganz vergessen hatten, sich darüber Gedanken zu machen. Kainu wusste nur, dass sein Vetter Valentin auf einem Hausboot wohnte, aber das war auch schon alles. Er war, als der Kurier ihm die Nachricht gebracht hatte, einfach zu aufgeregt und durcheinander gewesen, um ihn nach der Adresse zu fragen.

Matteo hatte in der Zwischenzeit über sein Handy herausgefunden, dass es im Großraum Paris leider viele Flüsse und Seen gab. So ganz einfach würde es wohl nicht werden, Valentin zu finden. Zum Glück hatte der Großvater seinen alten Freund Professor Bernard angerufen und ihnen dessen Adresse gegeben. Sie sollten sich bei ihm melden, sobald sie Paris erreichten. Vielleicht konnte er ihnen ja weiterhelfen.
Es wurde langsam dunkel. Matteo hatte Professor Bernards Adresse eingegeben und lotste Kasimir jetzt über die Dächer von Paris Richtung Stadtmitte. Am Horizont konnten sie schon den Eiffelturm erkennen. Er war erleuchtet, und Kasimir, der sich mittlerweile an technische Erfindungen gewöhnt zu haben schien, meinte nur trocken: »Schon wieder so ein Zauberding? Was kann es denn diesmal? Zum Mond fliegen?«
Die Kinder schauten sich verdutzt an und lachten wieder laut los. Kasimir, der zufrieden schmunzelte, flog unbeirrt über den Dächern weiter ihrem Ziel entgegen.
Kurze Zeit später hatten sie, in einem der alten Wohnviertel rechts der Seine, Professor Bernards Adresse erreicht. Sie schwebten vor einer dieser alten, mehrgeschossigen Häuserzeilen, welche typischerweise unzählige kleine Schornsteine auf dem Dach hatte. Diese hier hatte, neben den Schornsteinen, auch noch eine große, mit Efeu bewachsene Dachterrasse. Auf ihr stand ein altes Fernrohr, das neugierig in den Abendhimmel starrte.
»Coole Dachterrasse«, meinte Stella. »Kasimir, könntest du

mich da unten im Hinterhof absetzen, damit ich herausfinden kann, wo der Professor wohnt?«
Unten angekommen, sprang Stella vom Teppich und bat die anderen, zu warten. Dann ging sie durch die Hintertür in ein großzügiges, elegantes Treppenhaus, wo sie auf den Schildern der Klingelanlage nach dem Namen des Professors suchte. Als sie ihn gefunden hatte, drückte sie beherzt auf den Klingelknopf. Nach kurzer Zeit meldete sich eine ältere Männerstimme und fragte, wer denn da sei. Stella stellte sich vor und Professor Bernard sagte, er wohne im obersten Stock und sie sollten doch hinaufkommen.
»Gehört Ihnen zufällig die schöne Dachterrasse?«
»Natürlich, ma chère, woher weißt du denn das?«, wollte er erstaunt wissen. »Die ist von der Straße aus doch gar nicht zu sehen?«
»Erzählen wir Ihnen gleich, sobald wir oben sind«, erwiderte Stella schnell. Ohne eine weitere Antwort abzuwarten, lief sie zurück zu den anderen, sprang auf Kasimir und sagte: »Der Professor wohnt hier und wir haben Glück. Ihm gehört die Terrasse, das heißt, wir können direkt hochfliegen.«
Einen Augenblick später landete Kasimir neben dem großen Fernrohr. Stella lief mit Kainu auf der Schulter zur Terrassentür und klopfte gegen die Scheibe. Als niemand antwortete, klopfte sie lauter. Jetzt hörten sie drinnen Schritte und sahen durch die Terrassentür einen gut gekleideten älteren Mann mit weißem Bart auf sie zukommen. Als er die Tür öffnete

und die drei Kinder und den Tukan sah, fragte er ungläubig: »Mon Dieu, meine Lieben, wie kann das sein? Wie kommt ihr denn bitte hier hoch? Könnt ihr fliegen?«
Die vier standen etwas betreten da und brachten außer einem »Bonjour, Professor Bernard« erst mal nicht viel heraus. Wie ließ es sich auch in wenigen Worten erklären, dass sie mit einem fliegenden Teppich hier oben gelandet waren?
»Na, wie auch immer, erstmal rein mit euch!«, meinte Professor Bernard. »Guidos Enkel sind mir natürlich herzlich willkommen. Aber jetzt mal raus mit der Sprache – wie seid ihr auf die Dachterrasse gekommen?«, fragte er neugierig und sah von einem zum anderen.
Etwas verlegen machten die Kinder einen Schritt zur Seite und blickten zu Kasimir, der da immer noch neben dem Fernrohr am Boden lag. Professor Bernard hob die Augenbrauen.
»Und weshalb liegt da dieser Teppich? Das ist nicht meiner. Habt ihr den etwa mitgebracht?«
»Na ja,« stammelte Hanna, »eigentlich eher anders rum. Er hat uns mitgebracht.«
Professor Bernard zog die Augenbrauen noch höher und verstand immer noch nicht.
»Das ist unser Freund Kasimir, und er ist ein fliegender Teppich. Mit ihm sind wir heute aus Salzburg hergekommen. Und das ist unser Freund Kainu«, stellte sie den Tukan auch gleich noch vor.
Den letzten Satz hatte Professor Bernard gar nicht

mehr gehört. Fassungslos starrte er den Teppich an und als dieser sich aufrichtete und sagte: »Salam Aleikum, darf ich mich vorstellen, mein Herr, ich bin Kasimir, jüngster Sohn des Amir, seines Zeichens Oberhaupt der altehrwürdigen Familie der Abdelrazim«, setzte sich Professor Bernard fassungslos auf den weißen Stuhl neben der Terrassentür.

Mit offenem Mund schaute er Kasimir und dann die Kinder und Kainu an. Immer wieder schüttelte er ungläubig den Kopf. Nach einer Weile fing er ganz leise an zu lachen. Doch das Lachen wurde schnell lauter und heftiger, und die Tränen begannen, ihm nur so die Wangen herunterzulaufen. Er lachte und lachte.

Nach einer kleinen Ewigkeit hatte er sich so weit gefasst, dass er wieder sprechen konnte. »Das ist zu schön, um wahr zu sein! Guido, euer Großvater, der immer überzeugt war, dass es fliegende Teppiche früher gegeben hat, und dem ich nie geglaubt habe, schickt mir seine Enkel auf einem fliegenden Teppich. Unglaublich! Das Leben ist einfach zu schön!« Und wieder fing er an zu lachen und klopfte sich vor lauter Freude auf die Schenkel. Nachdem er sich beruhigt hatte, stellten sich die Freunde noch mal in aller Ruhe vor und erzählten ihm, warum sie hier in Paris waren. Ähnlich wie ihr Großvater, wurde Professor Bernard während der Erzählung immer aufgeregter. Kainus Geschichte hörte er voller Mitgefühl an und versprach zu helfen, so gut er konnte. Doch besonders faszinierten ihn Kasimir und seine Zeitreise. Er stellte viele Fragen. Leider konnten die Kinder und Kasimir die wenigsten davon beantworten. Kasimir wusste ja auch nur das, was er von Esther, dem Kamel, erfahren hatte. Und das war nicht viel, aber genug, um an diese Zeitreise zu glauben. Es stellte sich heraus, dass Professor Bernard, genau wie der Großvater der Kinder, Archäologe gewesen war. Ihn hatte

immer die Zeit der Pharaonen beschäftigt, und er hatte versucht, herauszufinden, warum diese Kultur damals anderen Kulturen in manchen Punkten so weit voraus gewesen war. Er hatte allerdings nie eine befriedigende Antwort gefunden. Die Geschichte von Kasimirs Zeitreise traf ihn deshalb wie ein Blitz. War es für ihn vielleicht auch möglich, in der Zeit zu reisen und endlich Antworten auf seine Fragen zu erhalten? Der Professor musste in Ruhe darüber nachdenken und wandte sich daher an die Kinder: »Mes amis, es ist schon spät geworden, wir wollen noch etwas essen, dann lasst uns schlafen gehen, und morgen früh schauen wir, wie wir Kainus Vetter finden können.«

Die Kinder wurden in Professor Bernards Gästezimmer mit dem großen Himmelbett untergebracht. Kasimir und Kainu entschieden sich, da es draußen schön warm war, lieber auf der Dachterrasse ihr Lager aufzuschlagen. Während drinnen die Kinder gleich einschliefen, erzählten sich die beiden, unter dem Sternenhimmel von Paris, noch lange von ihren Familien, bis auch ihnen irgendwann die Augen zufielen.

3. Hausboote und Zeitreisen

Am nächsten Morgen stand Professor Bernard, der vor lauter Aufregung kaum geschlafen hatte, früh auf, um beim Bäcker um die Ecke frische Croissants zu holen.
Die Kinder hatten es sich auf der Terrasse gemütlich gemacht, als der Professor zurückkam und verkündete: »Mes amis, ich habe zwei gute Neuigkeiten!«
Die Freunde horchten erwartungsvoll auf.
»Also, die erste ist, ich weiß, wie wir vorgehen können, um Kainus Vetter zu finden. Und die zweite ist – ich hab da noch eine Idee, die vielleicht für Kasimir interessant sein könnte. Also passt auf!«
Er hatte gerade mit einem Freund telefoniert, der früher bei der Polizei gewesen war, und hatte diesen gefragt, wo er denn suchen würde, wenn er einen Tukan, der auf einem Hausboot lebte, finden wollte. Der Freund hatte gemeint, entweder auf dem Schifffahrtsamt, denn da müsste jedes Hausboot angemeldet werden, oder bei der Vereinigung der Pariser Hausbootbesitzer. Und falls beides nicht klappen sollte, dann würde er in ein Künstlerkaffee gehen und da

nach einem Hausbootbesitzer mit Tukan fragen, denn er hätte so ein Gefühl, dass ein solcher Mann oder eine solche Frau möglicherweise Künstler sein könnte. Er würde aber mit den ersten zwei Möglichkeiten beginnen. Also müssten sie jetzt nur noch die zwei Adressen ausfindig machen, dann könnte es losgehen.

Alle fanden die Vorschläge prima und wollten gleich wissen, wie sie denn an die Adressen kämen, als Kasimir rief: »Halt, halt, halt! Nicht so schnell, liebe Freunde! Professor Bernard, Sie hatten doch gemeint, dass Sie etwas hätten, das für mich interessant wäre?«

»Ah, natürlich Kasimir, das hätte ich jetzt fast vergessen. Also, dieser Punkt ist etwas komplizierter. Er dreht sich nämlich um deine Zeitreise. Ein hochkomplexes Thema. Ich habe die ganze Nacht darüber nachgedacht. Meines Wissens gibt es bislang keine Beweise, dass eine Zeitreise möglich ist. Bis gestern Abend zumindest nicht. Bis zu dem Moment, als ihr bzw. du, Kasimir, bei mir auf der Terrasse gelandet seid, und mir diese Geschichte erzählt habt. Als Wissenschaftler würde ich sagen, wenn etwas einmal passiert ist, dann kann es auch ein zweites oder drittes Mal passieren, oder?«

Das erschien Kasimir und den anderen irgendwie einleuchtend, wenn auch schwer vorstellbar.

»Also, wenn dem so ist«, fuhr der Professor fort, »dann müssen wir jetzt nur noch einen solchen Super-Sturm finden, um zu verstehen, was damals bei euch in Ägypten los gewesen

ist«, meinte er abschließend.
Kasimir schaute ihn reichlich verwirrt an. Falls das eine Idee war, dann war sie ziemlich unverständlich. Gut, Professor Bernard konnte damit recht haben, dass es auch ein zweites Mal passieren könnte. Das gab Hoffnung. Aber wo sollte er ein solches Unwetter finden und wer sagte ihm, dass ein solches Unwetter auch gleichzeitig eine Zeitmaschine war? Und wie sollte er sicherstellen, dass er dann auch genau wieder in seiner Zeit landete?
Zu viele Fragen auf einmal für einen jungen fliegenden Teppich. Also schaute Kasimir den Professor nur ratlos an und fragte: »Und was sollen wir jetzt Ihrer Meinung nach machen?«
»Ist doch ganz einfach«, meinte dieser. »Nachdem hier in Paris für die nächste Zeit keine Super-Stürme angekündigt sind, könnten wir damit beginnen, mehr über deinen Sturm zu erfahren, und was damals bei euch genau geschehen ist.«
Kasimir schaute ihn noch ratloser an. »Und wie könnten wir das herausfinden?«
»Nichts einfacher als das. Wir gehen in die ägyptische Sammlung im Louvre. Ihr müsst wissen, dass der Louvre das berühmteste Museum in ganz Frankreich ist und es dort eine der weltweit größten Sammlungen ägyptischer Kunst und Geschichte gibt. Wer weiß, vielleicht haben wir ja Glück und finden einen Hinweis. Was haltet ihr davon?«
Kasimir nickte, hatte aber nicht viel Hoffnung, dort etwas zu finden. Doch besser als nichts war es allemal. Also einigten

sie sich auf folgenden Plan – als erstes wollten sie sich heute nach Kainus Vetter auf dem Schifffahrtsamt und beim Hausbootverein erkundigen. Und am nächsten Morgen wollten sie dann ganz früh in die ägyptische Ausstellung. Professor Bernard kannte den Direktor gut und hoffte, dass dieser ihnen erlauben würde, dass sie alle, vor der Öffnung des Museums, in die Ausstellung durften, um nach Hinweisen zu suchen.
Als das beschlossen war, brachen sie auf, um Valentin zu finden. Professor Bernard hatte, nach kurzem Zögern, dann doch dankend abgelehnt, auf Kasimir mitzufliegen. Er meinte, er wäre zu alt für derartige Verrücktheiten.
Er nahm deshalb die Pariser Metro und gab den Kindern die Adresse vom Schifffahrtsamt, wo sie sich in einer Stunde treffen wollten.
Während die Kinder losflogen rief er ihnen noch hinterher, sie sollten vielleicht nicht direkt vor dem Haupteingang landen, um dort keinen Menschenauflauf zu verursachen, sondern besser in einem nahe gelegenen Hinterhof, wo nichts los war.

Eine Stunde später standen alle vor dem Haupteingang, gingen hinein, fragten den Mann am Empfang nach dem Zuständigen für Hausboote und machten sich dann auf in den zweiten Stock.
Nach dreimaligem Klopfen hörten sie von drinnen ein »Herein«. Sie hatten Glück, denn zur Freude aller kannte die Sachbearbeiterin Valentin oder besser gesagt, die Frau, bei der

Valentin lebte. Die Dame sei eine bekannte Schriftstellerin, die mit ihrem Tukan auf einem Hausboot auf einem der vielen Seitenkanäle der Seine lebte. Ach ja, meinte die Sachbearbeiterin noch, sie sollten sich nicht davon abschrecken lassen, falls Madame Bouvier, so heiße die Dame, etwas seltsam sein sollte. Das sei bei ihr nicht ungewöhnlich. Doch unter der rauen Schale sei sie eine wunderbare Person.

Valentins Adresse herauszufinden war leichter gewesen als erwartet. Da es noch nicht einmal Mittag war, machten sie sich gleich auf den Weg, um keine Zeit zu verlieren. Professor Bernard verabschiedete sich, nachdem die Freunde ihm versichert hatten, dass sie die Adresse mit Matteos Navi leicht

selbst finden könnten.

Ohne gesehen zu werden, verließen sie Kasimirs Hinterhof-Versteck und folgten den Anweisungen des Navis, das sie raus aus der Stadtmitte nach Süden führte. Nach einer Viertelstunde lockerte sich das Häusermeer unter ihnen auf, und sie folgten einem Nebenfluss der Seine.

Plötzlich rief Hanna: »Schaut, da unten, da gibt es so lustige Boote!«

»Und genau da müssen wir auch hin«, bestätigte Matteo.

Kasimir machte eine leichte Kurve und hielt auf die Boote zu. An einem Kai, der von einer Straße mit großen Platanen und Häuserzeilen gesäumt war, lagen einige ungewöhnlich aussehende Schiffe. Manche sahen aus wie Frachtkähne, andere eher wie Häuser, und wieder andere waren umgebaute Segelschiffe. Eines davon, ein altes zweimastiges Segelschiff fiel ihnen ins Auge, denn es hatte auffällige dunkelrote Segel. Kasimir landete in einer abgelegenen Ecke des Kais. Dort rollten ihn die Kinder zusammen und versteckten ihn. Dann machten sie sich zusammen mit Kainu auf die Suche nach Valentin. Sie liefen die Reihe der Hausboote entlang, und wie sich herausstellte, gehörte das letzte, der alte Zweimaster, dieser Madame Bouvier.

4. Valentin und Madame Bouvier

Vor der kleinen Brücke, die aufs Schiff führte, stand ein hoher Holzpfosten mit drei Schildern und einer Laterne darüber. Auf dem größten Schild stand »Zutritt verboten!« Auf einem wesentlich kleineren »Bitte läuten« und darunter, noch kleiner »Mme Bouvier«. Davor hing ein Griff an einem Drahtseil. Dieses führte über eine oben am Pfosten angebrachte Umlenkrolle, hinüber aufs Schiff, direkt zu einer alten Schiffsglocke aus Messing, die neben der Eingangstür hing.

Sie zogen an dem Griff und die Glocke läutete erstaunlich laut. Nichts geschah. Sie versuchten es noch mal. Mit Schwung öffnete sich die Tür und eine ältere Frau schaute grantig heraus.

Unfreundlich rief sie ihnen zu: »Was wollt ihr Kinder denn? Habt ihr nichts Besseres zu tun? Geht, macht eure Streiche woanders!« Ohne eine Antwort abzuwarten, knallte sie die Tür ins Schloss.
Die vier schauten sich an. Hätte die Frau vom Schifffahrtsamt sie nicht vorgewarnt, sie wären wahrscheinlich eingeschüchtert gewesen. So aber läuteten sie ein weiteres Mal und gleich darauf erschien Madame Bouvier wieder.
Noch unfreundlicher als zuvor schaute sie zur Tür heraus, doch bevor sie etwas sagen konnte, rief Stella: »Verehrte Madame Bouvier, mein Freund Kainu würde gern seinen Vetter Valentin besuchen. Wir sind von weither gekommen, um ihn zu sehen. Dürfte er mit ihm sprechen?«
Madame Bouviers Blick fiel auf Kainu. Ihr Gesichtsausdruck wechselte von unfreundlich zu erstaunt und weiter zu ehrlich erfreut. Mit einer entschuldigenden Geste sagte sie: »Bitte verzeiht meine unwirschen Worte, aber normalerweise spielen mir die Kinder hier gern einen Streich. Sie läuten die Schiffsglocke andauernd und nur so zum Spaß, um mich beim Schreiben zu stören. Aber wenn ihr Freunde von Valentin seid, dann ist das was ganz anderes. Herzlich willkommen an Bord!«
Sie führte die Freunde ein paar Stufen hinunter in den Salon. Als sie eintraten, fanden sie sich in einem langen Raum wieder, der mit viel kostbarem Holz, Messing, bunten Stoffen und allerlei Krimskrams eingerichtet war. Er schien Küche,

Esszimmer, Wohnzimmer, Bibliothek und Arbeitszimmer zugleich zu sein. An den Wänden waren Bücherregale und am hinteren Ende stand ein großer Schreibtisch, der mit Papier und Büchern überhäuft war. Auf Kopfhöhe vor dem Schreibtisch saß ein schöner Tukan auf einer langen, an zwei Seilen hängenden Holzstange. Als Valentin Kainu erblickte, konnte er es zunächst kaum glauben. Sprachlos starrte er ihn an und nach einer gefühlten Ewigkeit rief er erfreut: »Kainu, bist du das wirklich? Ich glaub es ja nicht! Ich dachte, du bist in Salzburg im Zoo. Wie hast du das denn gemacht !?«

»Das ist eine lange, verrückte Geschichte, lieber Valentin. Schön, dich zu sehen«, sagte er und flog zu Valentin auf die Stange, wo sie zur Begrüßung erst mal voller Freude die Schnäbel aneinander rieben.

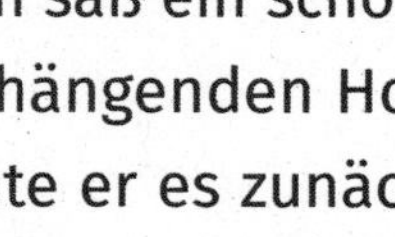

Madame Bouvier hatte die Kinder in der Zwischenzeit auf eine heiße Schokolade und einen Apfelkuchen eingeladen. Und während sie es sich schmecken ließen, wollte Madame Bouvier, die äußerst neugierig war, wissen, wie es kam, dass sie hier in Paris waren und woher sie wussten, dass Valentin ein Vetter von Kainu war.

Die Kinder wollten gerade anfangen zu erzählen, da sprang Stella plötzlich auf. »Madame Bouvier, verzeihen Sie bitte, aber wir haben da jemanden vergessen. Wir sind gleich wieder zurück. Matteo kommst du mit, wir müssen Kasimir holen.«

Madame Bouvier schaute überrascht drein, aber schon rannten beide hinaus, um ihren Freund aus seinem Versteck zu holen. Stella rief Hanna noch über die Schulter zu: »Hanna, erzähl doch Madame Bouvier schon mal von Kasimir, damit sie nachher nicht aus allen Wolken fällt.«

Ziemlich außer Puste erreichten Stella und Matteo einige Minuten später, mit dem Teppich über der Schulter, das Hausboot. Madame Bouvier, die schon auf sie wartete, hielt ihnen die Tür auf, da sie es kaum erwarten konnte, ihn kennenzulernen.

Während Kasimir sich vorstellte, richtete Valentin eine Frage an ihn. Mme Bouvier drehte sich wie von der Tarantel gestochen zu ihm um und blickte ihn mit offenem Mund ungläubig an. »Mon Dieu, was ist denn das?!? Valentin, ich kann dich verstehen!! Wie kann denn das sein?!«

Valentin, der genauso überrascht war, erwiderte stotternd:

»Ma ... ma chère, ver... verstehen kann ich dich schon immer, aber, dass wir jetzt ...«
»Ach ja, das haben wir noch vergessen, euch zu erzählen«, fiel ihm Hanna breit grinsend ins Wort, »wer mit Kasimir befreundet ist, kann mit den Tieren sprechen. Cool, oder?«

Nachdem sich die Aufregung bei Mme Bouvier und Valentin etwas gelegt und Kasimir all ihre Fragen geduldig beantwortet hatte, kamen die Freunde auf den eigentlichen Grund ihres Besuchs zu sprechen. Wie Valentin Kainu schon berichtet hatte, wusste er leider nur wenig vom Schicksal seiner Familie. Valentin hatte die Nachricht von ihrer Vertreibung im Amazonas-Regenwald nur von einem alten, gemeinsamen Bekannten bekommen. Dieser hatte, wie manch anderer Tukan auch, auf der Durchreise bei ihm und Madame Bouvier Zwischenstation gemacht und ihm unter anderem die Neuigkeiten von Kainus Familie erzählt. Dann war er weitergeflogen. Valentin bat dann ein paar Tage später einen Ara, der nach Istanbul unterwegs war, die Nachricht an Kainu zu überbringen. Und das war schon alles, was er wusste.
Kainu war enttäuscht. Er hatte viel mehr von dem Besuch bei Valentin erwartet. Zumindest ein paar Hinweise, wo er mit der Suche anfangen könnte. Aber das Einzige, was Madame Bouvier und Valentin noch einfiel, war, dass möglicherweise der Leuchtturmwärter der Insel Berlenga, einem kleinen Eiland vor der portugiesischen Küste, mehr wusste. Bei ihm

ruhten sich viele Tukane und Papageien für ein paar Tage aus, wenn sie den weiten Weg über den Ozean geschafft hatten. In die gedrückte Stimmung, die sich breitmachte, platzte Hanna mit der Frage: »Valentin, weißt du, warum Kainus Familie vertrieben worden ist? Warum machen die Menschen das?«
Madame Bouvier, deren verstorbener Mann aus Brasilien kam, und die sich seit Jahren für den Schutz des Regenwalds einsetzte, antwortete ihr: »Hanna, es gibt mehrere Gründe, warum die Menschen den Regenwald zerstören. Der häufigste Grund ist, irgendjemand will mit dem Holz der Bäume schnell viel Geld verdienen. Ein anderer Grund ist, dass Viehzüchter den Wald abholzen, um Weideland für ihre Rinder zu schaffen. Und ein weiterer ist, dass Siedler – das sind Bauern, die meistens kaum genug zum Leben haben – ein Stück Regenwald roden. Sie hoffen, auf diesem Stück Land etwas anzubauen, von dem sie leben können. Das Problem ist, dass der Boden, wenn er einmal gerodet wurde, nicht lange etwas hergibt. Nach ein bis zwei Jahren sind die Siedler gezwungen, wieder ein neues Stück Regenwald abzuholzen. Und so geht das Ganze immer weiter. Mit dem Ergebnis, dass für die Tiere und Menschen des Waldes immer weniger Lebensraum bleibt.«
»Ja, aber da muss man doch was machen können?«, erwiderte Hanna trotzig.
»Na ja«, meinte Madame Bouvier, »das scheint nicht ganz so einfach zu sein. Die Politiker müssten sich mehr um die

Menschen kümmern, die wenig oder nichts haben. Leider setzen sie sich oft lieber für die Menschen ein, die eh schon viel zu viel haben. Ich würde mir wünschen, dass Politiker mehr an das Wohl der Menschen und der Natur denken, dann könnte man etwas verändern.«

Hanna wollte sich mit der Antwort nicht zufriedengeben: »Ja, können wir denn gar nichts tun, um Kainus Familie und den armen Siedlern zu helfen?«

Madame Bouvier blickte etwas ratlos drein, schien aber nachzudenken. »Nun, wir könnten auf die brasilianische Botschaft gehen. Vielleicht wissen die mehr über Kainus Heimat, und ob die Regierung schon was unternimmt, um den Siedlern und damit auch den Tieren dort zu helfen. Ich weiß zwar nicht, ob wir damit Erfolg haben werden, aber versuchen könnten wir es. Was haltet ihr davon?«

Alle fanden die Idee gut. Und so verabredeten sie, am nächsten Nachmittag auf die Botschaft zu gehen, um dort ihr Glück zu versuchen.

Als es ans Aufbrechen ging, lud Valentin Kainu ein, bei ihnen zu übernachten, da es noch so vieles gab, das sie sich zu erzählen hatten. Also flogen die Kinder und Kasimir alleine zurück zu Professor Bernard.

5. Der Papyrus

Der Professor hatte in der Zwischenzeit schon mit dem Großvater telefoniert und ihm mitgeteilt, dass es den Kindern gut ging. Aber das war nicht der wirkliche Grund seines Anrufs gewesen, sondern er wollte unbedingt mit ihm über Kasimir und dessen vermeintliche Zeitreise sprechen. Beide waren fasziniert von den Geschehnissen. Ein fliegender Teppich allein war ja schon schwer zu begreifen, aber eine Zeitreise, das war einfach unglaublich! Wie war das nur möglich? Und wie sollte man diesen Vorgang wiederholen können? Sie hatten nicht die geringste Idee. Und den Besuch der ägyptischen Sammlung hatte Professor Bernard nur vorgeschlagen, um Kasimir etwas Hoffnung zu machen. Dass sie dort einen Hinweis finden würden, daran glaubte er nicht wirklich.

Am nächsten Morgen standen die Kinder und der Professor sehr früh auf, da sie sich mit dem Direktor der ägyptischen Sammlung noch vor Sonnenaufgang an der Hintertür des Museums verabredet hatten.
Es war nicht leicht, Professor Bernard dazu zu überreden, auf Kasimir mitzukommen. Der fliegende Teppich faszinierte ihn natürlich, aber damit zu fliegen, war noch einmal eine

ganz andere Sache. Nach hartnäckigem Drängen der Kinder willigte er dann aber doch ein.
Als sie beim Louvre eintrafen, stieg er allerdings mit einem seltsamen Leuchten in den Augen von Kasimir und murmelte dabei etwas wie: »Wer hätte das gedacht? Fast wie früher ...«
Der Direktor hatte sie schon am Hintereingang erwartet. Nachdem Professor Bernard ihm Kasimir vorgestellt und der Direktor seine Aufregung über Kasimirs Geschichte halbwegs in den Griff bekommen hatte, führte er sie durch lange, dunkle Gänge des Museums. An den Wänden standen unzählige Regale, die bis hoch unter die Decke gingen, und vollgestopft waren mit Büchern, Schriftstücken und den unterschiedlichsten uralten Gegenständen.
Kasimir, der in den engen Gängen nicht fliegen konnte, wurde von den Kindern zusammengerollt getragen. Die Luft war stickig, und alle waren heilfroh, als der Direktor nach einer gefühlten Ewigkeit endlich eine Tür öffnete und sie in einen großen Saal traten.
»Et voilà«, sagte er und zeigte voller Stolz auf die noch im Dämmerlicht liegende ägyptische Sammlung des Louvre. »Kasimir, willkommen in deiner Heimat! Zumindest einem kleinen Teil davon«, fügte er hinzu.
Kasimir, der sich in der Zwischenzeit wieder zu voller Größe ausgestreckt hatte, war sichtlich beeindruckt. Dieses Mal war er es, dem es die Sprache verschlug. Vor ihm lag ein riesiger Saal, der eine Decke aus Glas besaß. Im spärlichen

Licht der Morgendämmerung erkannte er viele große Pharaonenstatuen, Sarkophage, Skulpturen, Säulen und Bilder. Erste Sonnenstrahlen tanzten über die Ausstellungsstücke und erweckten all diese Figuren scheinbar zum Leben. Gespenstisch! Den Geschwistern war die Atmosphäre nicht ganz geheuer. Kasimir aber war fasziniert. Für einen kurzen Augenblick fühlte er sich fast wie zu Hause. Es fehlte nur noch, dass seine Mutter ihn zum Essen rief.
Doch dann wurde er durch die Stimme des Direktors wieder aus seinen Träumen gerissen: »Kasimir, nach dem Anruf meines Freundes, Professor Bernard, habe ich mir überlegt, was für Sie von Interesse sein könnte. Ich glaube, es gibt im kleinen Saal einen Papyrus, der, soweit wir dessen Inhalt richtig übersetzt haben, von einem großen Sturm handelt, der eine große Verwüstung hinterlassen hat. Vielleicht haben wir ja Glück, und es handelt sich dabei um Ihren Sturm. Wollen Sie ihn sich einmal ansehen?« Er stockte, hüstelte und fragte: »Erlauben Sie mir eine dumme Frage – können fliegende Teppiche eigentlich lesen?«
Kasimir blickte den Direktor vorwurfsvoll an: »Werter Herr Direktor, Sie sollten wissen, dass wir nicht nur die schnellen Begleiter unserer Herren sind, sondern oft auch deren Ratgeber. Selbstverständlich kann ein fliegender Teppich lesen. Was für eine Frage! Tsss.«
»Oh, das ist ganz wunderbar!«, rief der Direktor voller Entzücken. »Dann könnten Sie mir vielleicht die Schriftzeichen

auf dem Papyrus übersetzen?«
»Aber natürlich«, meinte Kasimir versöhnlich. »Es wird mir eine Freude sein.«
Auf ihrem Weg zum kleinen Saal blieb Kasimir bei jeder zweiten Statue stehen und überlegte, ob er diesen oder jenen Pharao oder Sultan kannte. Bei einer, die Ra, den Sonnengott, darstellte, warf er sich, für alle überraschend, auf den Boden. Ein paar Meter weiter, bei einer Gruppe von Statuen, erzitterte er plötzlich und schoss wie der Blitz um die nächste Ecke, um sich zu verstecken. Als Professor Bernard ihn erreichte und besorgt wissen wollte, was denn los sei, antwortete Kasimir aufgeregt flüsternd: »Leise, leise, Professor! Dort drüben steht ein alter Bekannter von mir. Ein großer und böser Dschinn, der Emir des Sultans. Wenn er will, verwandelt er einen in eine Maus oder noch schlimmer in ein Kamel. Nur so zum Spaß. Und er ist überhaupt nicht gut auf mich zu sprechen.« Kasimir erschauerte bei der Vorstellung. Und überhaupt, dachte er sich verwundert, warum ist er denn kein Kamel? Er hatte doch gesehen, wie der Großwesir sich selbst aus Versehen in ein solches verwandelt hatte. Kasimir war ziemlich durcheinander.
»Aber, aber, Kasimir, das ist doch nur eine Statue aus Stein. Die kann keinem etwas antun. Keine Angst, mein Freund«, beruhigte ihn der Professor.
Kasimir ließ sich zwar von seinen Worten beruhigen, allerdings traute er dem Frieden nicht wirklich. Auf ihrem weiteren

Weg durch die Halle blickte er sich immer wieder um. Erst als sie den Durchgang zum kleinen Saal erreicht hatten, und die Statue immer noch an ihrem Platz stand, begann er den Worten des Professors zu glauben. Beinahe jedenfalls.
»Professor, vielleicht haben Sie ja recht mit dem Dschinn, aber ich habe dennoch ein seltsames Gefühl. Ich könnte schwören, dass wir hier nicht die Einzigen sind. Aber vielleicht sehe ich ja Gespenster.«
Im kleinen Saal gab es weniger große Statuen, sondern eher kleinere Gegenstände und Skulpturen. Zielstrebig führte der Direktor die Gruppe zu einer Vitrine am hinteren Ende des Saals, in dem ein größerer Papyrus voller Schriftzeichen und Zeichnungen ausgestellt war.
»Dies, Kasimir, ist der Papyrus, von dem ich Ihnen erzählt habe. Könnten Sie mir sagen, was darauf geschrieben und abgebildet ist?«
Kasimir betrachtete fasziniert das Dokument, bevor er dann begann, es laut in einer Sprache vorzulesen, die keiner verstand. Als er zu Ende gelesen hatte, machte er eine kurze Pause, um gleich darauf den Text noch einmal, langsam zu lesen. Als er fertig war, blickte er verstört drein und sagte kein Wort.
»Kasimir, was steht denn jetzt genau auf dem Papyrus?«, wollte der Direktor voller Ungeduld wissen.
»Nun ja«, meinte Kasimir leise und hielt inne. »Es fällt mir schwer, das zu glauben ...« Wieder stockte er. »Herr Direktor ...

mir scheint, Sie lagen mit Ihrer Vermutung richtig. So verrückt sich das auch anhören mag, aber es muss sich wohl um den Sturm handeln, in den ich vor wenigen Tagen geraten bin.«
»Oder eben vor vielen Hundert Jahren ...«, sagte der Direktor nachdenklich. Er sah Professor Bernard mit großen Augen an. Beiden war die Aufregung über diesen Widerspruch deutlich anzumerken. Konnte denn das wirklich sein?
»Also Kasimir«, warf Stella ein, »ich versteh hier nur Bahnhof. Kannst du uns das auch mal übersetzen, was du da gerade vorgelesen hast?«
Kasimir holte tief Luft. »Also hört zu...«, und er erzählte, dass es 762, im Jahre des Sultans, in seiner Heimat einen Sturm von ungeheuerlichen Ausmaßen gegeben haben musste. Dieser war wie aus dem Nichts entstanden und hatte weite Teile des Landes verwüstet. Unter anderem auch mehrere Stadtviertel rund um den Palast des Sultans. Dabei mussten der Sultan und seine Familie sowie die meisten seiner Bediensteten ums Leben gekommen sein. Man hatte dieses Ereignis damals dem Zorn der Götter zugeschrieben. Allerdings fand sich keine Antwort darauf, was deren Zorn hervorgerufen haben sollte.

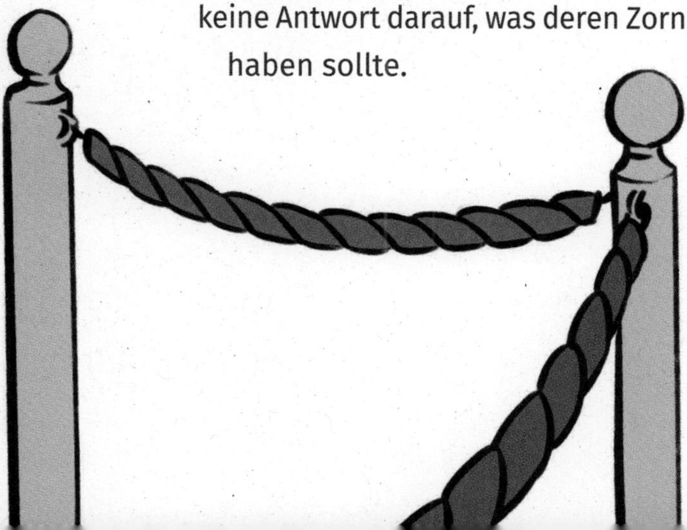

Kasimir war bestürzt. Er sah sehr traurig drein, soweit man das bei einem fliegenden Teppich beurteilen konnte. Es schien, dass Esther, das Kamel, mit der er im Salzburger Zoo gesprochen hatte, die Wahrheit gesagt hatte. Nämlich, dass seine Familie bei dieser Katastrophe auch verschollen war. Er war niedergeschlagen und lag in sich zusammengesackt für eine Weile da. Die Kinder befürchteten schon, er wäre ohnmächtig geworden, doch dann richtete er sich auf und blickte sie traurig an.

Professor Bernard räusperte sich. »Kasimir, denk daran, worüber wir schon gesprochen haben – wenn eine Zeitreise einmal stattgefunden hat, dann kann eine solche vielleicht auch ein zweites oder drittes Mal möglich sein.«

Kasimir nickte traurig. »Ich hoffe, Sie haben recht, Professor. Aber wie soll das gehen?«

»Darüber habe ich gestern ein wenig nachgedacht«, meinte der Direktor. »Ich habe zwar keine Antwort auf Ihre Frage, aber eine Idee, wer Ihnen bei der Suche nach der Antwort vielleicht helfen könnte. Manuel Herreira, ein geschätzter Kollege und ehemaliger Assistent, beschäftigt sich seit vielen Jahren mit dem Phänomen der Zeitreise. Er ist Physiker und Archäologe. Soweit ich weiß, verfolgt er eine bestimmte Idee. Er glaubt, dass es solche Super-Unwetter tatsächlich gibt. Seiner Meinung nach werden sie durch äußerst seltene Sternenkonstellationen und nur an ganz

bestimmten Orten auf der Welt hervorgerufen. Er nimmt an, dass sie die Fähigkeit haben, die Gesetze von Zeit und Raum durcheinanderzubringen. Oder einfacher gesagt, dass mit solchen Unwettern Zeitreisen möglich sein könnten. Wie Ihr Fall beweist, scheint an seiner Theorie wirklich etwas dran zu sein.

Besonders in Süd- und Mittelamerika vermutet er geeignete Orte, an denen so etwas geschehen kann. Auch deshalb lebt Señor Herreira, soweit ich weiß, momentan in Peru. Ich glaube, wenn Ihnen einer helfen kann, dann er.« Und an die anderen gewandt: »Ich gebe euch seine Adresse. Vielleicht könnt ihr euch mit ihm in Verbindung setzen. Allerdings habe ich schon seit längerer Zeit nichts mehr von ihm gehört. Das letzte Mal vor zwei Jahren, als er hier in Paris war. Übrigens, und vielleicht ist das ja ein gutes Zeichen, auch er hat diesen Papyrus damals besonders aufmerksam studiert.«
Beim letzten Satz hatte er auf seine Uhr geschaut und mit Erschrecken festgestellt, dass das Museum in wenigen Minuten öffnen und das Museumspersonal sowie die ersten Besucher erscheinen würden. »Wie schnell die Zeit vergeht ... Wir müssen jetzt rasch hinaus, sonst bekommen wir alle ein Problem. Wenn ihr möchtet, könnt ihr heute Nachmittag gern in meinem Büro vorbeikommen, da hätte ich Zeit.«
Stella schüttelte den Kopf. »Danke, Herr Direktor, aber um zwei haben wir schon eine Verabredung in der brasilianischen Botschaft.«
Gleich darauf standen sie wieder am Hintereingang, wo sie sich vom Direktor verabschiedeten und versprachen, in Kontakt zu bleiben. Dann machten sie sich auf den Heimweg zu Professor Bernards Wohnung.

Dort angekommen, besprachen sie beim Frühstück, was sie im Museum erfahren hatten. Dass Kasimir mit diesem mysteriösen Unwetter durch die Zeit gereist war, hatten sie zwar schon gewusst, aber jetzt schien es durch den Papyrus bestätigt zu sein. Kasimir hatte keine Ahnung, was er davon halten sollte. Fest stand allerdings, dass er, wenn er seine Familie jemals wiedersehen wollte, mit einer solchen »Zeitmaschine« zurückreisen musste. Doch wie, beim Osiris, sollte er so ein Unwetter finden?

Alle, wie sie am Tisch saßen, waren sich einig, dass dieser Señor Herreira im Moment der Einzige war, der Kasimir möglicherweise helfen konnte. Doch Señor Herreira lebte in Peru, an der Westküste Südamerikas. Und das war sehr weit weg.

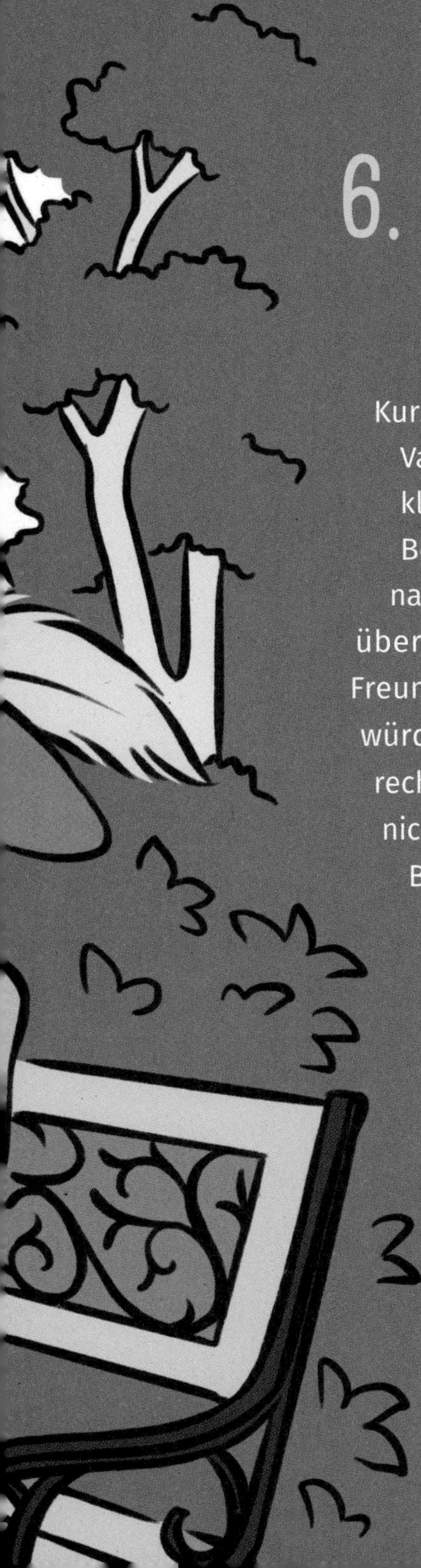

6. Politikunterricht

Kurz vor 14 Uhr hatten sie sich mit Kainu, Valentin und Madame Bouvier in einem kleinen Park neben der brasilianischen Botschaft verabredet. Professor Bernard war zu Hause geblieben, um in Ruhe über alles nachzudenken. Er hatte den Freunden genau erklärt, wie sie hinfinden würden und tatsächlich schafften sie es, rechtzeitig dort einzutreffen. Der Park war nicht besonders groß, sodass sie Madame Bouvier, die mit einem quietschbunten Schal samt dem passenden Sonnenhut gekleidet war, sofort entdeckten. Sie saß auf einer Bank im Schatten eines Baumes. Erst als sie bei ihr ankamen, bemerkten sie auch Kainu und Valentin. Die beiden, fast ebenso bunt, hockten auf einem Ast wenige Meter über ihr und begrüßten ihre Freunde freudig.

Madame Bouvier hatte am Vormittag schon in der Botschaft angerufen und einen Termin vereinbart. Bevor sie aufbrachen, besprachen sie kurz, was genau sie in Erfahrung bringen wollten. Es war klar, dass ihnen dort niemand etwas über den Verbleib von Kainus Familie erzählen konnte. Aber sie wollten herausfinden, wie die Situation in Brasilien, oder genauer gesagt in Kainus und Valentins Heimat Altamira war. Ob es dort neue Rodungsprojekte gab und was die Regierung unternahm, um den Siedlern zu helfen und den Regenwald zu schützen. Kasimir, Kainu und Valentin würden im Park auf sie warten, um in der Botschaft kein Durcheinander zu verursachen.

Als Madame Bouvier und die Kinder kurze Zeit später von einem Attaché, einem hohen Mitarbeiter der Botschaft, empfangen wurden, staunte dieser nicht schlecht über den äußerst farbenfrohen Besuch. Der Attaché, um die fünfzig, in einem teuren blauen Anzug, weißem Hemd und brauner Krawatte, saß in einem Zimmer hinter einem großen und aufgeräumten Schreibtisch, vor dem die Freunde Platz genommen hatten.

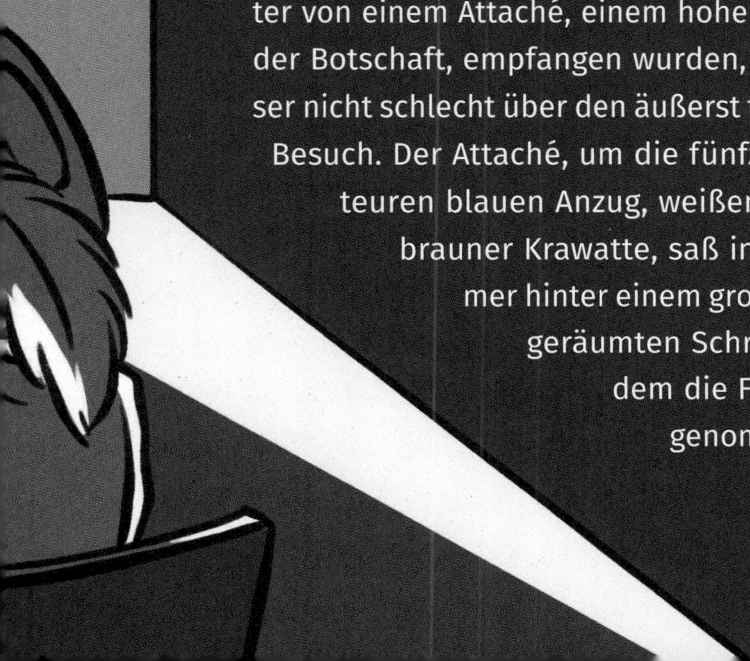

In einer Ecke des Raums, neben dem geöffneten Fenster, stand ein Vogelkäfig, in dem ein weißer Kakadu saß.
»Was hat denn der Kakadu?«, erkundigte sich Hanna. »Er sieht überhaupt nicht glücklich aus.«
»Ach, der Schreihals!«, entgegnete der Mann mit ärgerlichem Unterton. »Keine Ahnung, was mit ihm los ist. Er ist noch von meinem Vorgänger. Habe schon versucht, ihn abzugeben, aber leider will ihn kein anderer haben.«
Hanna runzelte die Stirn und schaute den Attaché streng an. Der allerdings sprach unbeirrt weiter. »Was kann ich für Sie tun?«, erkundigte er sich, wieder freundlich, nach dem Grund ihres Besuchs.
Madame Bouvier schilderte ihm das Problem von der zunehmenden Zerstörung des Regenwalds und damit des Lebensraums für unzählige Tiere im Amazonasgebiet. Sie rückte ihren Stuhl etwas näher an den Schreibtisch des Attachés, setzte sich kerzengerade hin und ließ ihn dabei nicht aus den Augen. »Was unternimmt die Regierung, um den Regenwald zu schützen und den Siedlern zu helfen? Aus den Medien ist darüber leider nichts bekannt. Können Sie uns da Näheres erzählen? Ich finde, darüber sollte viel mehr im Fernsehen, in den Zeitungen oder im Internet berichtet werden.«
Bei diesen letzten Worten verfinsterte sich kurz die ansonsten freundliche Miene des Attachés. Doch er hatte sich schnell wieder im Griff und antwortete mit vielen mitfühlenden Worten: »Glauben Sie mir, wir sind uns des Problems bewusst

und unternehmen alles in unserer Macht Stehende, um den armen Siedlern und auch den armen Tieren zu helfen. Das geht leider nicht von heute auf morgen. Das verstehen Sie sicher. Machen Sie sich keine Sorgen, bald geht es dem Regenwald besser. Darauf können Sie sich verlassen.«
»Ja, und?«, fragte Stella. »Was macht denn die Regierung nun genau, um den Siedlern in der Region Altamira zu helfen?«
»Junge Dame«, erwiderte der Attaché leicht gereizt, »das würde jetzt zu viel Zeit in Anspruch nehmen, wenn ich auf all die Aktivitäten eingehen würde. Aber lass mich dir versichern, den armen Siedlern wird geholfen.«
Und damit stand der Attaché auf und verabschiedete sich äußerst höflich mit der Bemerkung, dass er jetzt leider zum nächsten Termin müsse. Es habe ihn sehr gefreut und er fände es wunderbar, dass die Jugend heutzutage sich so für das Wohl der Menschen und Tiere in Brasilien interessiere. Und damit geleitete er Madame Bouvier und die Kinder elegant hinaus, winkte freundlich und schloss die Tür.
Da standen sie nun und schauten sich ratlos an. Hanna meinte nur: »Ich mag den Mann nicht. Der arme Kakadu.«
Matteo blickte fragend zu Madame Bouvier. »Heißt das jetzt, dass die Regierung schon alles Mögliche unternimmt, um den Siedlern zu helfen?«
Stella schüttelte zweifelnd den Kopf und meinte: »Also, irgendwie hab ich das Gefühl, dass das alles nur nette und freundliche Worte waren, um uns wieder loszuwerden.

Kann das sein, Madame Bouvier?«
Madame Bouvier schaute die Kinder mit einem traurigen Lächeln an. »Tja, Kinder, ich nehme an, das war heute eine Unterrichtsstunde zum Thema Politik und Politiker. Willkommen im Reich der großen, aber meist leeren Worte. Stella, du hast mit deiner Vermutung sehr wahrscheinlich recht. Wir waren zu unbedeutend, und unser Anliegen war entweder zu groß, zu weit weg, oder zu unbequem für ihn. Deshalb hat er uns auf freundliche Art schnellstmöglich wieder vor die Tür befördert.«
Die Kinder sahen sie groß an und fragten dann doch leicht genervt: »Und warum waren wir dann heute hier?«
»Eine gute Frage. Ich hatte ehrlich gesagt gehofft, dass wir etwas mehr Glück haben. Schade.« Madame Bouvier zuckte enttäuscht mit den Schultern. »Kommt, lasst uns nach Hause gehen. Ich koche uns was Leckeres. Wer weiß, vielleicht fällt uns ja mit vollem Bauch noch was anderes ein, wie wir mehr erfahren können«, meinte sie, schon wieder besser gelaunt, und stolzierte in ihrer bunten Pracht dem Ausgang entgegen.
Als sie einige Minuten später im Park eintrafen, um Kasimir, Kainu und Valentin abzuholen, stellten sie erstaunt fest, dass niemand da war. So laut sie auch riefen – keine Antwort. Sie suchten im ganzen Park. Aber nichts. Nicht die geringste Spur von den dreien. Was konnte nur passiert sein?

7. Ein zorniger Kakadu

Nachdem der Attaché die Tür hinter Madame Bouvier und den Kindern geschlossen hatte, lief er schnell zurück zu seinem Schreibtisch. Er griff zum Telefon und wählte eine Nummer in Brasilien.

»Hallo Enrique, ich bin es, Gustavo. Du, ich glaube, wir sollten die Rodungen nördlich von Altamira schneller abschließen. Wie es scheint, fangen die Leute an, darüber zu sprechen. Und wenn erst mal in der Zeitung etwas darüber steht, dann wird alles sehr viel komplizierter. Versuch, das Ganze innerhalb der nächsten sechs Wochen durchzuziehen.«

»Verstehe. Ich seh, was sich machen lässt. Adeus*.«

Dann verließ der Attaché das Zimmer, ohne den krächzenden Kakadu auch nur eines Blickes zu würdigen. So langsam habe ich echt genug, dachte der Kakadu wütend, dieser gemeine Kerl lässt mich glatt verhungern! Er begann so laut zu schimpfen, dass selbst Kainu und Valentin, die zur gleichen Zeit im Park auf ihrem Baum saßen und auf die Rückkehr der Freunde warteten, ihren Artgenossen hörten.

»Was meinst du, Valentin, sollen wir mal nachschauen, wer da so furchtbar schlecht drauf ist? Vielleicht können wir ihm ja helfen?«

»Prima Idee. Aber können wir Kasimir hier alleine lassen?«

»Der schläft tief und fest. Außerdem sind wir ja gleich wieder da.«

Valentin nickte und schon flogen sie los.

*Adeus – Auf Wiedersehen auf Portugiesisch

Sie fanden schnell heraus, dass das Geschimpfe aus einem Fenster im dritten Stock der brasilianischen Botschaft kam. Als Kainu und Valentin durch das offene Fenster hineinschauten, erblickten sie einen schneeweißen Kakadu, der in seinem Käfig wild am Fluchen war. Als er die beiden auf dem Fenstergeländer sitzen sah, verstummte er. »Halleluja, wo kommt ihr zwei denn so plötzlich her?!«

»Also, bei deinem Geschrei brauchst du dich nicht zu wundern. Man kann dich ja in ganz Paris hören«, erwiderte Valentin.

»Wenn ihr so einen Hunger hättet wie ich, würdet ihr bestimmt auch wütend sein! Dieser gemeine Kerl denkt gar nicht dran, mir etwas zum Essen zu geben. Übrigens, mein Name ist Leo. Wie heißt ihr und überhaupt – was macht ihr denn hier?«

Kainu und Valentin stellten sich vor und erzählten Leo in wenigen Worten, warum sie da waren.

Leo schaute überrascht auf. »Gehört ihr etwa zu der kunterbunten älteren Dame und den drei Kindern, die gerade da waren?«

Jetzt blickten Kainu und Valentin überrascht drein. »Stimmt.«

»Da habt ihr Glück, ich habe alles mitangehört. Der Attaché, dieser Schuft, hat sie natürlich von vorne bis hinten belogen. Und kaum waren sie aus dem Zimmer, hat er auch schon seinen Komplizen Enrique in Altamira in Brasilien angerufen, um ihn zu warnen. Ich habe in den letzten Tagen einiges zu diesem Thema aus seinen Telefonaten mitbekommen.

Also hört zu: Wie es scheint, will die örtliche Regierung in dem Gebiet nördlich von Altamira ein riesengroßes Stück Regenwald roden. Und zwar schon sehr bald. In dem Telefonat heute hat er seinem Komplizen klar gemacht, dass die ganze Rodung in sechs Wochen abgeschlossen sein muss.«

»Aber wieso machen die das und wer gibt ihnen das Recht dazu?«, fragte Kainu aufgebracht.

»Was ich mitbekommen habe, ist, dass die Politiker offiziell behaupten, dass es darum geht, den Siedlern neues Land zu geben. Inoffiziell aber scheint es, dass ein paar Leute wie immer darauf aus sind, einen Haufen Geld mit dem Holz der Bäume zu verdienen. Und ich bin mir sicher, dass es ihnen total egal ist, was das für die Natur und die Tiere dort bedeutet.«

Kainu blickte betrübt drein. »Bei den Menschen dreht sich immer alles nur ums Geld. Und dafür machen sie alles kaputt.«

»Oh, oh! Kainu, wir haben die anderen ganz vergessen! Wahrscheinlich warten sie schon längst auf uns. Komm, wir müssen los! Leo, hab vielen Dank für deine Hilfe, wir...«

»Wartet, wisst ihr was?«, unterbrach ihn Leo. »Mir kommt da gerade so eine Idee. Könntet ihr mich aus diesem Käfig befreien? Mir reicht es, hier drin gefangen zu sein und noch nicht einmal genug zu essen zu bekommen. Ich hau ab!«
»Na, dann los!«, riefen beide gleichzeitig, flogen zum Käfig und machten sich daran, die Verriegelung mit ihren Schnäbeln aufzustemmen. Zu zweit hatten sie die Tür in wenigen Augenblicken geöffnet.
Leo sprang heraus und spreizte nach langer Zeit zum ersten Mal wieder seine Flügel. Sie waren ziemlich eingerostet. Dann versuchte er, sie auf und ab zu bewegen, was gar nicht so leicht war. Doch mit großer Willensanstrengung gelang es ihm. »Na, da bin ich ja mal gespannt, ob das mit dem Fliegen noch klappt. Aber besser schlecht geflogen, als noch länger hungrig in diesem Käfig zu sitzen und den aufgeblasenen Kerl zu ertragen.«
Kainu und Valentin waren schon auf dem Fenstersims und riefen: »Komm schon! Und keine Sorge, falls es nicht so ganz klappt, sind wir da, um dir unter die Flügel zu greifen.«
In dem Moment ging die Tür auf und der Attaché kam herein. Er staunte nicht schlecht, als er den Kakadu auf dem Tisch sitzen sah. »Nanu, was soll denn das werden, du alter Schreihals? Sofort zurück in deinen Käfig!«
Er lief auf Leo zu, um ihn zu fangen, doch dieser flog mit einem gewagten Satz auf das Fensterbrett und von dort mit aller Kraft hinaus in die Freiheit.

8. Gefangen

Wenige Minuten zuvor, gleich nachdem Kainu und Valentin aus dem Park losgeflogen waren, rannten plötzlich zwei finster dreinblickende Männer hinter einem Gebüsch in der Nähe von Kasimir hervor und liefen auf den schlafenden Teppich zu. Im Handumdrehen hatten sie ihn eingerollt, eine Schnur um ihn gebunden und ihn sich über die Schultern geworfen. Kasimir, der leise vor sich hin schnarchte, merkte von all dem nicht das Geringste.
»Das geht ja einfacher als gedacht«, meinte der Ältere der beiden zufrieden, während sie schnellen Schrittes auf den Parkausgang zusteuerten.
»Da wird unser Kunde aber zufrieden und wir heute Abend um ein paar Hundert Euro reicher sein. Nicht schlecht, oder?«, erwiderte der Jüngere ebenfalls in bester Laune.
Sie liefen mit Kasimir auf einen kleinen Lieferwagen zu, der in der Nähe parkte. Dort angekommen, öffneten sie die hinteren Türen und schoben Kasimir hinein.
»Mist! Das Ding ist zu lang. Was machen wir jetzt?«

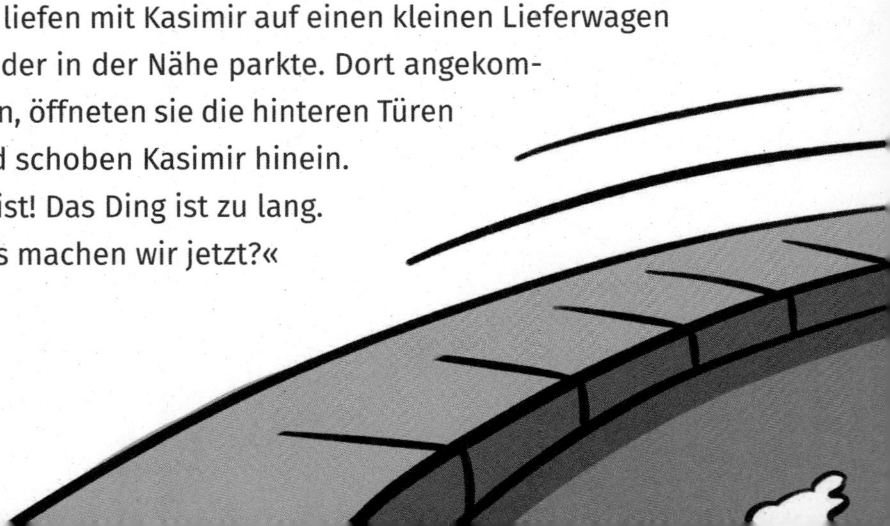

»Kein Problem«, meinte der Ältere ruhig, »wir lassen ihn einfach hinten herausschauen und binden die Türen mit einer Schnur zu. Das müsste funktionieren.«
Kurz darauf war Kasimir verstaut und die Männer fuhren los.

Gerade als der Lieferwagen aus der Parkbucht herausfuhr, flogen Kainu, Valentin und Leo über die Straße hinüber zum Park. Während Valentin damit beschäftigt war, auf Leos noch wackelige Flugkünste zu achten, warf Kainu einen Blick auf die Straße unter ihnen. Genau in diesem Moment wurden Kasimirs goldene Fransen, die hinten aus dem Lieferwagen hingen, von einem Sonnenstrahl getroffen und leuchteten hell auf.

Kainu blickte kurz hin, aber dachte sich nichts dabei. Doch als der Sonnenstrahl ein weiteres Mal auf Kasimir fiel und reflektiert wurde, sah Kainu noch einmal hin. Und dieses Mal erschrak er bis in die letzte Feder! Konnte das, was da hinten aus dem Lieferwagen herausschaute, sein Freund Kasimir sein?! Er war zwar zusammengerollt, aber so viele dunkelblaue Teppiche mit goldenen Fransen konnte es selbst in einer so großen Stadt wie Paris nicht geben. Das musste er sein! Aber warum wollte jemand Kasimir stehlen?! Egal, er musste hinter dem Lieferwagen her und Kasimir helfen!
»Valentin! Siehst du da unten den weißen Lieferwagen?! Ich glaube, die haben Kasimir entführt! Ich folge ihm! Wir treffen uns später auf dem Hausboot!«
Und schon flog er, so schnell er konnte, hinter dem Wagen her, der mittlerweile schon weit voraus war. Er durfte ihn jetzt nicht verlieren. In dieser großen Stadt würde er Kasimir sonst nie mehr finden.
Zum Glück war viel Verkehr auf den Straßen, sodass der Lieferwagen immer wieder langsamer fahren musste, und Kainu es schaffte, den Wagen im Blick zu behalten. Er flog, wie er noch nie in seinem Leben geflogen war. Er schaffte es, immer wieder näher heranzukommen, nur um im nächsten Augenblick zurückzufallen, wenn der Wagen wieder beschleunigte. Es war zum Verzweifeln. Immer wieder bog der Wagen ab, doch es gelang Kainu, an ihm dran zu bleiben. Allerdings war er am Ende seiner Kräfte.

Er hoffte, dass der Wagen endlich an einer roten Ampel anhalten würde, sodass er ihn einholen und durch die offene Hintertür zu Kasimir hineinklettern konnte. Aber die rote Ampel kam nicht.

Dafür führte die Straße zu Kainus Entsetzen plötzlich auf eine dunkle Höhle zu. Doch die Autos schien das nicht zu stören. Auch den Lieferwagen nicht. Ohne zu bremsen fuhren sie alle hinein. Und er hinterher. Was blieb ihm auch anderes übrig? Schließlich konnte er ja Kasimir nicht im Stich lassen.

Die Luft in dieser Höhle war heiß und stank. Kainu, der vor lauter Autoabgasen heftig husten musste, wurde auch noch vom Fahrtwind der entgegenkommenden Lastwagen kräftig durchgeschüttelt.

Was für ein Alptraum, dachte er. Und dann geschah das, wovor er die ganze Zeit Angst gehabt hatte. Er verlor den Lieferwagen aus den Augen. Ein hoher Lastwagen versperrte ihm die Sicht und er konnte wegen der entgegenkommenden LKWs nicht an ihm vorbeifliegen. Als es ihm endlich gelungen war, war der Lieferwagen verschwunden. Er war einfach weg. Kainu mobilisierte noch mal seine ganze Kraft und flog, so schnell er konnte, in der Hoffnung, den Wagen wiederzufinden. Aber nichts. Er schien sich in Luft aufgelöst zu haben. Kainu hatte Kasimir verloren.

Niedergeschlagen ließ Kainu sich mit dem Verkehr durch den Tunnel treiben. Als er auf der anderen Seite wieder herauskam, befand er sich in einem dicht bebauten alten Stadtviertel.

Überall gab es kleine Läden, Lokale und Märkte. Die Straßen waren voll, und auch auf den Gehsteigen waren jede Menge Menschen unterwegs. Erschöpft flog er, ohne sich noch groß umzuschauen, auf eine Straßenlaterne. Dort saß er und war fertig mit der Welt. Kasimir war weg und er hatte ihm nicht helfen können. Wie sollten sie ihn in dieser unvorstellbar großen Stadt jemals wiederfinden?

Als er sich nach einer Weile von dem Schreck erholt hatte, schaute er sich um, um zu sehen, wohin es ihn verschlagen hatte. Und als er seinen Blick über die Geschäfte, die Menschen und die Straßen wandern ließ, hielt er plötzlich inne. Er wollte seinen Augen nicht trauen. Auf der gegenüberliegenden Straßenseite parkte zu seiner großen Überraschung der weiße Lieferwagen. Und was noch schöner war – Kasimir ragte immer noch hinten raus.
Er konnte sein Glück kaum fassen. Von den Dieben war allerdings nichts zu sehen. So, dieses Mal verlier ich dich nicht mehr aus den Augen, schwor er sich und flog über die Straße. In diesem Moment kamen ein älterer und ein jüngerer Mann aus einem Laden und gingen direkt auf den Lieferwagen zu. Kainu bremste mitten in der Luft scharf ab und flog, so unauffällig wie möglich, zurück auf seinen alten Platz auf der Laterne. So ein Mist!, dachte er. Bitte nicht schon wieder eine Verfolgungsjagd! Er war mit seinen Kräften am Ende. Doch statt einzusteigen und loszufahren, liefen die Männer um den Wagen herum und öffneten die Türen zum Laderaum. Sie zogen Kasimir heraus, hoben ihn auf ihre Schultern und liefen mit ihm in eine dunkle Nebengasse.
Kainu flog los und folgte ihnen unauffällig. Die Männer gingen die Gasse hinunter und bogen an deren Ende um die Ecke. Kainu flog hinterher und beobachtete, wie die zwei einen ziemlich heruntergekommenen Hinterhof betraten. Dieser war voller Autowracks und anderer ausrangierter Gegen-

stände. Die beiden gingen zielstrebig auf ein Garagentor zu. Der Ältere zog einen Schlüssel aus der Tasche und öffnete das Tor. Auch die Garage war vollgestellt. Allerdings nicht mit altem Müll, sondern mit neuen, teilweise noch verpackten Produkten. Na, wenn das mal nicht alles gestohlen ist, dachte sich Kainu, der ein kleines Stück entfernt auf einem Dach saß und das Geschehen beobachtete.
Die Männer warfen Kasimir im hinteren Teil der Garage auf den Boden. »Wann kommt jetzt dieser Herreira?«, fragte der Jüngere.
»Um sechs. Also in ungefähr einer halben Stunde. Was hältst du davon, wenn wir bis dahin was trinken gehen?«
»Gute Idee!«, meinte der Jüngere, warf die Garagentür zu, und folgte seinem Kumpel um die Ecke.

9. Vermisst

Madame Bouvier und die Kinder hatten den Park von vorne bis hinten nach den zwei Tukanen und Kasimir abgesucht. Jedoch vergeblich. Wo konnten die drei denn nur sein? Sie waren ratlos.
»Vielleicht sind sie ja schon nach Hause geflogen?«, überlegte Matteo laut und wenig überzeugt.
»Eher unwahrscheinlich«, meinte Madame Bouvier, »aber mir fällt im Moment leider auch nichts anderes ein.« Sie dachte kurz nach. »Was haltet ihr davon, wenn wir zum Hausboot gehen und dort auf sie warten?«
Sie wollten gerade in Richtung des Parkausgangs gehen, als plötzlich ein Tukan sowie ein etwas schwerfällig daherfliegender weißer Vogel auf dem Baum neben ihnen mit wildem Geflatter landeten.
»Schön, dass du auch schon da bist, Valentin«, begrüßte ihn Stella ironisch.
Doch Valentin reagierte gar nicht, sondern rief, kaum dass er gelandet war: »Man hat Kasimir entführt! Männer in einem weißen Lieferwagen sind mit ihm weggefahren. Kainu hat sich sofort an ihre Fersen geheftet.«
Die Nachricht schlug ein wie eine Bombe. Alle standen

ungläubig da und wollten es nicht glauben. Hanna begann zu weinen und verstand die Welt nicht mehr. Und alle hatten die gleichen Fragen: Wer käme auf die Idee, Kasimir zu entführen? Und weshalb? Waren es Diebe, die ihn im Park gefunden und ihn für einen wertvollen Teppich gehalten hatten? Blankes Entsetzen machte sich breit. Was konnten sie tun? Keiner hatte eine Idee. Auch Madame Bouvier fiel nicht das Geringste ein.

Da zog Stella ihr Handy heraus und rief Professor Bernard an. Der war ebenso bestürzt. Doch entgegen Stellas Hoffnung wusste auch er keinen Rat. Allerdings wollte er sofort seinen Freund bei der Polizei anrufen. Vielleicht wusste der ja, was in so einer Situation zu tun war.

Während sie auf den Rückruf vom Professor warteten, sah Hanna den weißen Kakadu überrascht an. »Nanu, wer bist du denn? Haben wir dich nicht gerade erst gesehen?«

Der Kakadu nickte.

»Darf ich euch Leo vorstellen?«, sagte Valentin. »Er hat beschlossen, das Leben in Freiheit dem viel zu kleinen Käfig in der Botschaft vorzuziehen. Seinetwegen haben wir Kasimir schlafend im Park allein gelassen. Während wir hier auf euch warteten, hörten wir auf einmal Leos Geschimpfe aus der Botschaft. Er hatte die Nase voll von seinem Besitzer und hat uns gebeten, ihn mitzunehmen. Was wir natürlich getan haben.« Valentin blickte Madame Bouvier an: »Ma chère? Meinst du, er könnte ein paar Tage bei uns bleiben?«

»Aber natürlich, mein Lieber, das weißt du doch.«
In diesem Augenblick klingelte Stellas Handy und der Professor war dran: »Also Stella, hör gut zu. Mein Freund befürchtet, dass wir hier nicht viel unternehmen können. Die Polizei würde bestimmt keine Fahndung wegen eines Teppichs auslösen, und ihn auf eigene Faust zu suchen, würde in so einer großen Stadt wie Paris keinen Sinn machen. So schwer es mir fällt«, der Professor seufzte, »aber ich glaube, unsere ganze Hoffnung ruht jetzt auf Kainu. Uns bleibt nichts anderes übrig, als zu warten. Wenn es euch recht ist, komme ich auch gleich zu Madame Bouvier. Die Adresse hab ich ja. Au revoir.«
Die Stimmung war auf dem Tiefpunkt. Madame Bouvier atmete schwer und meinte: »Lasst uns aufs Hausboot gehen. Mehr können wir im Moment sowieso nicht tun. Und dann koche ich uns was Feines. Danach können wir das Ganze gestärkt und in Ruhe besprechen. Und wer weiß, vielleicht hat Kainu ja Glück ...«
Und so machten sich die Freunde sehr besorgt dreinblickend auf den Weg.

10. Die Revanche

In der Zwischenzeit war Kainu zur Garage geflogen und hatte versucht, das Tor zu öffnen. Doch der Türgriff ließ sich nicht herunterdrücken, so fest er auch an ihm zerrte. Da war nichts zu machen. Je öfter er es versuchte, desto wütender wurde er. Jede Minute konnten die Diebe zurückkommen. Er zog und zerrte wie ein Verrückter, doch der Griff bewegte sich keinen Millimeter. Vor lauter Wut flog er zwanzig Meter zurück, drehte um, beschleunigte und donnerte mit voller Wucht gegen das Tor. Durch den Aufprall wurde Kainu zurückgeschleudert und verlor das Bewusstsein. Als er kurz darauf benommen die Augen öffnete, konnte er es kaum glauben. Er hatte es geschafft, das Garagentor stand offen! Schnell rappelte er sich auf, schüttelte sich kräftig und flog mit höllisch brummendem Kopf durch das halb geöffnete Tor in die Garage. Dort lag Kasimir immer noch zugeschnürt, aber mittlerweile wach und sah ihn ungläubig an.
»Kainu?!? Kainu, bist du das? Bist du es wirklich?«
»Klar bin ich's. Ich konnte dich doch nicht mit zwei solchen Ganoven alleine durch Paris fahren lassen.«
»Oh, wenn ich diese Burschen erwische, dann zieh ich ihnen die Ohren lang, so wahr ich Kasimir heiße! Ich könnte mich

fusselig ärgern. Ein Abdelrazim, zusammengerollt wie eine alte Kameldecke. Was für ein Glück, dass meine Vorfahren mich so nicht sehen können! Welche Blamage! Oh, ich könnte mich grün und schwarz ärgern, beim Osiris!!!«

Als Kainu dieses Geschimpfe hörte, konnte er sich das Lachen nicht verkneifen. »Mann, Kasimir, du solltest dich hören! Unglaublich! Aber jetzt müssen wir uns beeilen, damit wir weg sind, bevor sie wiederkommen.«

Mit seinem scharfen Schnabel sägte er wie wild an dem Strick herum, bis er ihn durchgetrennt hatte. »Geschafft!«, rief er. »Kasimir, du bist wieder frei!«

Das ließ sich dieser nicht zweimal sagen. Mit einem lauten »Plopp!« hatte er sich blitzschnell entrollt. »Oooh, Kainu, du weißt gar nicht, wie gut sich das anfühlt!« Er streckte sich ausgiebig: »Aaaaahhh. Herrlich!! Ich danke dir, mein Freund!«

»Schon gut, komm jetzt!«

Kasimir schoss voraus, stieß das Garagentor mit Schwung auf, dass es nur so krachte, und Kainu flog hinterher. Sie waren schon halb aus dem Hinterhof raus, als Kasimir mitten in der Luft stoppte. Kainu sauste voll in ihn rein. »Umpffffhhhh! Mann, Kasimir, spinnst du! Was ist denn los?«

Kasimir schaute seinen Freund an. »Hör zu, ich habe da eine Idee! Was hältst du davon, wenn wir den Ganoven eine Lektion erteilen?«

Kainu stimmte begeistert zu und Kasimir erzählte, was er sich ausgedacht hatte.

»Gar nicht so schlecht«, meinte Kainu grinsend und versteckte sich hinter einem der Autowracks.

Kasimir flog schnell zum Garagentor, schloss es wieder und legte sich auf dem Garagendach auf die Lauer.

Die beiden mussten nicht lange warten, bis die Männer zurückkamen. »Lass uns den Teppich rausholen«, meinte der Ältere, »damit Herreira ihn dann gleich mitnehmen kann.«
Kaum hatten die beiden die Garage betreten, kam Kasimir vom Dach geschossen, knallte das Tor zu und klemmte eine Holzlatte unter die Klinke.
»Bravo, Kasimir!« rief Kainu freudig. »Du hast die Ganoven gefangen. Genial!«
Kasimir konnte sich ein zufriedenes Lächeln nicht verkneifen und war allerbester Dinge. Etwas, das man von den Gefangenen nicht behaupten konnte. Sie schimpften wie die Wilden und trommelten gegen das Garagentor.
»Meine Herren«, rief Kasimir, »das sollte Ihnen eine Lehre sein. Lassen Sie in Zukunft die Finger von fliegenden Teppichen. Vor allem, wenn diese einen Tukan als Freund haben. Au revoir.« Und lachend flogen Kasimir und Kainu aus dem Hinterhof Richtung Stadtmitte.

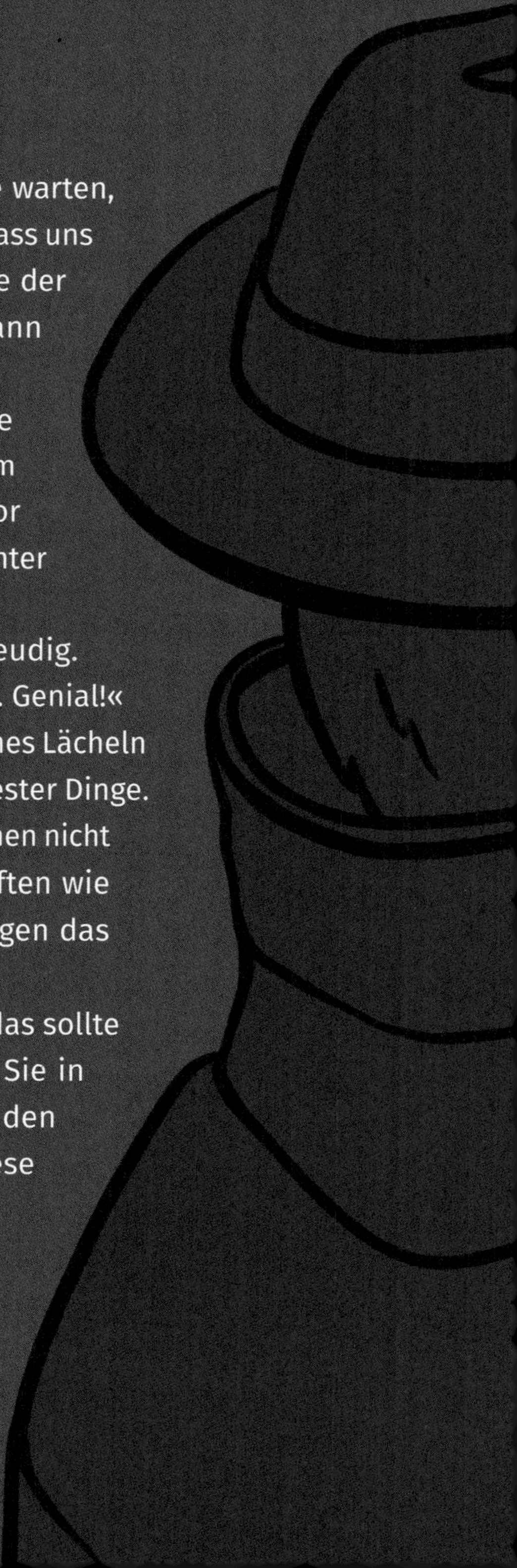

Was sie nicht bemerkten, war der Mann, der gerade die dunkle Gasse heruntergelaufen kam und sie beobachtete. Und der Blick, mit dem er den beiden Freunden hinterher sah, versprach nichts Gutes. Dann machte er auf dem Absatz kehrt und rannte zu seinem Wagen zurück.

Kasimir und Kainu flogen zufrieden vor sich hin, als Kainu meinte: »Du, Kasimir, hast du eine Ahnung, wie wir zum Hausboot von Madame Bouvier zurückkommen? Ich hab komplett die Orientierung verloren.«
»Kein Problem, mein Freund, siehst du da hinten am Horizont den Eiffelturm? Von da aus weiß ich, wie wir fliegen müssen. Also mach es dir bequem, du hast dir eine Verschnaufpause verdient! Ach übrigens, hast du das auch gehört? Die zwei haben von einem Herrn Herreira gesprochen, der ihnen anscheinend den Auftrag gegeben hat, mich zu stehlen.«
»Hab ich. Glaubst du auch, was ich glaube?«
Kasimir nickte langsam. »Mir scheint, der Direktor hatte recht. Dieser Señor Herreira scheint wirklich jemand zu sein, mit dem wir mal ein Wörtchen reden sollten.«
»Ein sehr ernstes Wörtchen«, stimmte Kainu zu.

ZUTRITT VERBOTEN!
BITTE LÄUTEN!
Mme Bouvier

11. Ratatouille

Es war früher Abend, als Professor Bernard am Hausboot ankam. Nachdem er die Schiffsglocke geläutet hatte, öffnete ihm Madame Bouvier die Tür. Mit knallbunter Schürze um die Hüfte und einem Kochlöffel in der Hand begrüßte sie ihn. Professor Bernard, ganz Kavalier alter Schule, stellte sich vor und küsste ihr galant die Hand. Madame Bouvier, die ein solches Benehmen gar nicht gewohnt war, war sichtlich beeindruckt und bat ihn mit einem einladenden Lächeln herein. Als er in den Salon eintrat, fand er die Kinder am gedeckten Tisch. Auf einer Stange daneben saßen Valentin und Leo. Madame Bouvier stellte die beiden vor und lud den Professor ein, Platz zu nehmen.

»Professor, ich hoffe, Sie haben etwas Appetit mitgebracht. Wir wollten nämlich gerade mit dem Essen beginnen.« Ohne eine Antwort abzuwarten, stellte sie auch ihm einen dampfenden, gut gefüllten Teller hin. »Bon appetit!« Die Ratatouille war eine Wucht. Alle fielen hungrig darüber her und erst nachdem Hanna

ihren dritten Teller geleert hatte, räumten sie den Tisch ab, um über Kasimirs Entführung zu sprechen. Hanna war, trotz vollem Bauch, immer noch ganz mitgenommen. Sie wollte nicht glauben, dass es Menschen gab, die so was Gemeines taten. »Und was ist, wenn er nicht mehr zurückkommt?«, fragte sie mit Tränen in den Augen.

»Mach dir keine Sorgen, er kommt schon zurück«, beruhigte sie Stella.

»Ja, und wie soll das gehen?«, fragte Hanna ungläubig. »Kainu ist doch viel zu klein, um gegen diese bösen Kerle was auszurichten.«

»Du wirst schon sehen. Ich bin mir sicher, Kainu kriegt das hin!«, versicherte Stella.

»Na, da wollen wir ja mal hoffen, dass du recht behältst, Stella«, meinte Professor Bernard. »Übrigens, wie ist es euch denn auf der brasilianischen Botschaft ergangen?«

»Madame Bouvier hat es als eine Lektion in Politik bezeichnet«, meinte Matteo. »Der Attaché hat uns versichert, dass die Regierung alles in ihrer Macht Stehende tun würde, um den Siedlern und den Tieren zu helfen. Aber wir hatten das Gefühl, als sei das nur so dahingesagt, um uns schnell wieder loszuwerden. Eine ziemliche Pleite dieser Ausflug.«

Professor Bernard schaute zu Madame Bouvier. Die hob die Schultern und nickte nur bestätigend.

»Vielleicht auch nicht«, warf Valentin ein. »Ich bin ja vor lauter Aufregung um Kasimir noch gar nicht dazu gekommen, euch zu erzählen, was wir von Leo erfahren haben.«

Alle schauten ihn erstaunt an. »Was hat denn Leo mit dieser Geschichte zu tun?«, fragte Madame Bouvier verwirrt.

»Also hört her ...«, und Valentin erzählte, was Leo ihnen von der Situation in Altamira erzählt hatte. »Auf alle Fälle heißt das, dass Kainu sich beeilen sollte, wenn er seine Familie wiederfinden will!«, beendete Valentin seinen Bericht.

»Das ist ja der Hammer!«, polterte Stella los. »Von wegen alles in unserer Macht Stehende tun‹! Was für ein Lügner und Verbrecher!«

Die anderen pflichteten ihr stinksauer bei.

»Dass sie den Siedlern nicht helfen, können wir so leider nicht behaupten«, widersprach Madame Bouvier. »Denn das tun sie offiziell ja. Zumindest für kurze Zeit. Bis der Boden eben nach ein oder zwei Jahren wieder ausgelaugt ist und das Abholzen des Regenwalds von vorn beginnt. Aber natürlich geht es dem Attaché und seinen Komplizen nur ums Geld. Ich verstehe dich nur zu gut, Stella. Menschen wie dieser Attaché gehören eingesperrt!«

»Valentin, da bin ich aber sehr froh, dass ihr auch auf der Botschaft wart«, meinte Hanna. »Nicht nur, weil ihr viel mehr erfahren habt als wir. Sondern vor allem, weil ihr Leo befreit habt. Das habt ihr echt toll gemacht!«

»Ja, echt nicht schlecht«, meinte Matteo grinsend. »Gestern Kainu, heute Leo. Da bin ich mal gespannt, welchen bunten Vogel wir als nächsten befreien werden.«

12. Ein freudiges Wiedersehen

»Apropos befreien ...«, krächzte eine vertraute Stimme. Überrascht blickten alle hinauf. Durch die offen stehende Dachluke schaute ein türkis-oranger Schnabel samt dem dazugehörenden Kopf. »Kasimir und ich wollten uns zurückmelden.« Ein gewaltiger Begeisterungssturm brach im Inneren des Hausboots aus. Die Kinder tanzten vor Freude wild herum. Professor Bernard, ganz entgegen seiner Art, nahm Madame Bouvier spontan in die Arme und Valentin und Leo waren nicht mehr zu halten und flogen hoch zur Luke, um die Vermissten gebührend zu begrüßen.

Nachdem die Kinder sich wieder beruhigt hatten, rannten auch sie hoch an Deck und kamen kurz darauf im Triumphzug mit Kainu und Kasimir auf den Schultern zurück in den Salon. Die Erleichterung, dass Kasimir wieder da war, war riesengroß. Nachdem die zwei von ihrem Abenteuer berichtet hatten, wandte sich Kasimir an Professor Bernard: »Professor, könnten Sie eventuell Ihren Freund bei der Polizei anrufen? Ich denke, da warten zwei Ganoven darauf, dass sie aus ihrer Garage befreit werden.«

»Um sie laufen zu lassen?«, fragte der Professor ungläubig. Kainu musste lachen: »Nein, besser nicht. Bei der Menge an Diebesgut, das die zwei in ihrer Garage gelagert haben, wird die Polizei sie bestimmt für eine Weile einsperren können.«
Nachdem der Professor aufgelegt hatte, meinte er: »Gut, das wäre erledigt. Jetzt aber noch mal zurück zu dem, was ihr erzählt habt – was haltet ihr von der Tatsache, dass dieser Señor Herreira dahintersteckt? Wie kann er gewusst haben, dass es Kasimir gibt und wo sie ihn finden können? Ich kann mir keinen Reim darauf machen.«
Matteo schaute den Professor nachdenklich an: »Könnte es sein, dass der Direktor sich mit ihm in Verbindung gesetzt hat?«
»Nein, das halte ich für ganz ausgeschlossen. So was würde er nicht machen. Der Direktor ist ein Ehrenmann«, erwiderte der Professor entschieden und fuhr fort: »Etwas, das man von diesem Herreira, wie wir nun wissen, nicht behaupten kann. Ich habe heute Nachmittag versucht, im Internet etwas über ihn herauszufinden. Er beschäftigt sich wirklich mit dem Thema Zeitreise, wie ein Artikel über ihn belegt. In diesem Artikel, der ein halbes Jahr alt ist, steht, dass er in der peruanischen Hauptstadt Lima an einem Institut arbeitet. In dessen Auftrag sei er aber seit Längerem auf einer Expedition in den Anden unterwegs. Anscheinend, um nach Beweisen für seine Theorie zu suchen. Eins steht fest – dort ist er auf alle Fälle nicht mehr. Außerdem ist die Telefonnummer,

die der Direktor uns gegeben hat, nicht mehr gültig, und auch eine E-Mail, die ich ihm geschickt habe, kam wieder zurück. Mit anderen Worten – wir haben keine Ahnung, wie wir ihn erreichen könnten. Er dagegen scheint bestens Bescheid zu wissen, wo er uns finden kann. Wir müssen aufpassen. Vor allem du, Kasimir. Dieser Señor ist ein gefährlicher Mann.«
Der Professor schaute Kasimir ernst an. »Hmm ...«, meinte Kasimir mehr zu sich selbst, »leider scheint er im Moment der Einzige zu sein, der mir vielleicht dabei helfen kann, wieder zurück in meine Zeit und zu meiner Familie zu kommen. Ob es mir gefällt oder nicht – früher oder später werde ich mit ihm reden müssen.«

13. Wie geht's weiter?

»Na, das sind ja rosige Aussichten«, seufzte Stella. »Und du, Kainu, was willst du jetzt als Nächstes unternehmen?«
Er dachte kurz nach und meinte dann: »Ich möchte zuerst mit dem Leuchtturmwärter von Berlenga sprechen. Ich hoffe, er kann mir sagen, wo ich meine Familie finden kann. Was ich gegen die Rodung des Regenwalds tun kann – da habe ich, ehrlich gesagt, nicht die geringste Ahnung. Aber ich werde es auf alle Fälle versuchen!« Und leise, fügte er hinzu: »Wie schön wäre es, wenn ihr mitkommen könntet. Ich könnte eure Hilfe gut gebrauchen ...«
Bei dieser letzten Bemerkung war es still geworden. Dieser Wunsch hatte es in sich. Kasimir reagierte als Erster: »Also ein Stück des Weges könnte ich dich schon begleiten. Professor Bernard meint ja, dass Südamerika kein schlechter Ort wäre, um mehr über Zeitreisen herauszufinden. Aber ohne Stella, Matteo und Hanna ... hmmm.«
Alle schauten jetzt die Geschwister an. Und die schauten zurück und dann sich gegenseitig an. Hanna wollte schon etwas sagen, aber Stella war schneller: »Nein, Hanna, vergiss es! Wir gehen auf keinen Fall mit den beiden mit! Nicht, dass ich es nicht möchte, aber Opa und Oma haben gesagt,

dass wir von Paris sofort wieder nach Hause zurückkommen sollen. Ansonsten würden sie einen Riesenärger mit den Eltern bekommen. Also schlag's dir besser sofort aus dem Kopf«, sagte Stella bestimmter, als sie sich fühlte.
»Aber Stella, jemand muss den beiden doch helfen! Bitte, bitte ...« Hanna schaute ihre ältere Schwester mit großen Augen an. Doch Stella ließ sich nicht erweichen.
»Madame Bouvier«, fragte Matteo, »die Insel Berlenga liegt doch vor der portugiesischen Küste, oder?«
Madame Bouvier nickte.
»Und unsere Eltern sind doch gerade auf dieser Umweltkonferenz in Lissabon, oder, Stella?«
Stella nickte auch.
»Was wäre denn, wenn wir Mutter und Vater dort besuchen würden?«, fragte Matteo.
Auf Hannas Gesicht machte sich ein Lächeln breit und nach einem Moment des Nachdenkens meinte Stella: »Gar keine schlechte Idee, Brüderchen. Das könnte vielleicht klappen. Professor Bernard, wenn Sie ein gutes Wort für uns bei Großvater einlegen würden, wer weiß, vielleicht gibt er uns ja dann die Erlaubnis?«
Madame Bouvier schob spontan das alte Telefon, das neben dem Tisch stand,

hinüber zu Stella und meinte: »Voilà, ich finde die Idee prima, wenn ihr wollt, könnt ihr gleich anrufen.«
Leider brachte das Telefonat mit dem Großvater nicht das erhoffte Ergebnis. Keine Chance. Nicht einmal Professor Bernard konnte ihn umstimmen. Er meinte, wenn sie Kainu und Kasimir noch ein Stück begleiten wollten, dann müssten sie die Eltern schon selber anrufen. Er würde auf alle Fälle nicht die Verantwortung übernehmen wollen. Er bat sie, sich nochmals zu melden, nachdem sie mit ihren Eltern gesprochen hätten.
»Blöd gelaufen!«, meinte Stella. »Wär schon einfacher gewesen, wenn Opa dieses Telefonat mit den Eltern übernommen hätte.«
Aber es half nichts. Einer musste jetzt mit ihnen sprechen. Nur wer? Stella fand, dass Hanna an der Reihe sei, nachdem es ja schließlich ihre Idee gewesen war. Doch Hanna fand, dass Matteo ruhig auch mal was machen könnte. Und Matteo schob den Ball gleich zu Kasimir weiter, da dieser ja alle sicher zu den Eltern bringen musste und von daher genau der Richtige sei, um die Eltern zu überzeugen. Kasimir sah das komplett anders. Seiner Meinung nach wäre es bestimmt das Sinnvollste, wenn Stella ihre Eltern anrief. Schließlich hätte sie als Älteste ja auch so was wie die Verantwortung. Matteo und Hanna stimmten Kasimir breit grinsend zu.
Also rief Stella an, wenn auch nicht sonderlich begeistert. Nach dem dritten Klingeln nahm ihre Mutter ab. »Na, mein

Schatz, schön von euch zu hören. Wie ich mitbekommen habe, seid ihr eben mal schnell nach Paris geflogen?«, begrüßte sie ihre Tochter mit jenem, nichts Gutes verheißendem Unterton. Doch zum Glück kam es anders als befürchtet. Ihre Mutter war natürlich erleichtert, von ihren Kindern zu hören. Und außerdem waren die Eltern mächtig gespannt darauf, die ganze Geschichte zu erfahren, die ihnen der Großvater schon ansatzweise am Telefon erzählt hatte.

»So, jetzt mal der Reihe nach. Das scheint ja keine ganz normale Reise zu sein, die ihr da unternommen habt«, fügte die Mutter sehr viel versöhnlicher hinzu.

Und Stella begann, das bisher Erlebte kurz zusammenzufassen. Die Eltern waren beeindruckt und nachdem sie dann auch noch mit Matteo, Hanna und Kasimir gesprochen hatten, willigten sie schließlich ein, dass sie sich am nächsten Tag abends um 22 Uhr auf der Dachterrasse ihres Hotels in Lissabon treffen würden. Und natürlich musste Kasimir der Mutter noch hoch und heilig versprechen, gut auf ihre Kinder aufzupassen.

»Merci, Madame«, sagte Stella und schob das Telefon wieder zu Madame Bouvier. Und zu Kainu und Kasimir rief sie freudestrahlend: »Ihr habt's gehört, wir begleiten euch!«, woraufhin alle in laute Begeisterungsrufe ausbrachen.

Nachdem sich die Freude etwas gelegt hatte, warf Professor Bernard einen Blick auf seine alte Taschenuhr. »Freunde, es ist schon sehr spät. Kasimir, wann wollt ihr denn morgen

früh losfliegen?«
Kasimir blickte zu Matteo und bat ihn, ihm die genaue Entfernung nach Lissabon mit seinem kleinen Zauberding zu berechnen. Dann übersetzte er die Kilometer in Kameltagesritte, eine ihm vertrautere Entfernungseinheit, und meinte: »Wenn wir morgen früh um neun Uhr aufbrechen, sollten wir es gut schaffen.«

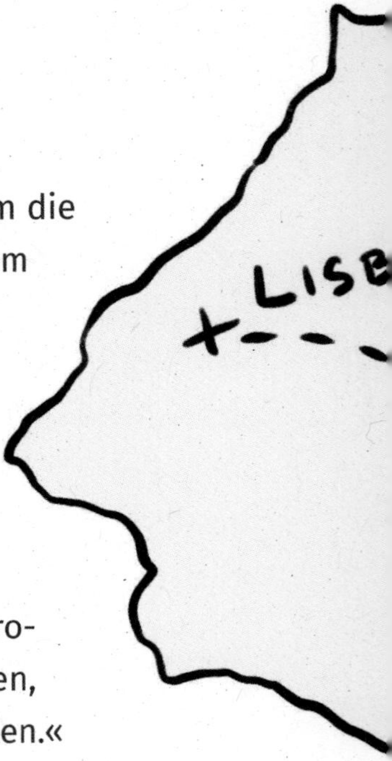

»Dann würde ich vorschlagen«, sagte der Professor, »dass wir langsam nach Hause gehen, wenn wir noch etwas Schlaf bekommen wollen.«
Hanna war mittlerweile schon am Tisch eingeschlafen und schnarchte leise vor sich hin. Madame Bouvier ließ die Freunde wissen, dass sie sich jederzeit melden sollten, wenn sie oder Valentin irgendetwas tun konnten. »Valentin, da wird's wieder sehr still bei uns auf dem Boot werden. Schade, oder?«
Valentin nickte traurig. »Sehr schade, ma chère. Zum Glück bleibt Leo ja noch ein wenig bei uns, dann fällt uns der Abschied nicht ganz so schwer.«
Der Professor und Madame Bouvier verabredeten, sobald es Neuigkeiten gab, sich gegenseitig zu benachrichtigen. Dann brachen sie auf. Mit vielen Umarmungen und nicht ganz ohne Tränen verabschiedeten sie sich und flogen mit Kasimir zurück, dem Lichtermeer der Innenstadt entgegen.

PARIS

14. Ein geheimnisvoller Diebstahl

Als sie spät am Abend bei Professor Bernard auf dessen Dachterrasse landeten, sprang dieser gut gelaunt als Erster vom Teppich und meinte: »Ich könnte mich an diese Art der Fliegerei glatt gewöhnen. Einfach wunderbar. Schade, dass ihr morgen schon geht.« Der Professor druckste etwas herum. Es schien, als wolle er etwas fragen, traue sich aber nicht. Doch dann gab er sich einen Ruck: »Kasimir, dürfte ich dich um einen großen Gefallen bitten?«

»Aber natürlich, Professor.«

»Nun, wie sage ich es am besten?« Der Professor kratzte sich am Hinterkopf. »Meinst du, es wäre vielleicht möglich, dass wir morgen, bevor ihr nach Lissabon aufbrecht, zum Eiffelturm fliegen könnten? Du musst wissen, ich war in meinen jungen Jahren ein begeisterter Flieger, und es war immer mein Traum, einmal mit meinem Doppeldecker unterm Eiffelturm durchzufliegen. Daraus ist damals leider nichts geworden. Aber mit einem fliegenden Teppich – das wäre was!«, schloss er, und seine Augen funkelten wild bei der Vorstellung.

Kasimir schaute die Kinder an, diese nickten freudig, und er

antwortete: »Es wäre mir eine Freude, Herr Professor. Von Flieger zu Flieger, versteht sich.«
Als Professor Bernard kurz darauf die Wohnung betrat, sah er in der Ecke den Anrufbeantworter hektisch blinken. »Nanu, wer hat mir denn da eine Nachricht hinterlassen?«
Als er die Wiedergabetaste drückte, hörten sie die aufgeregte Stimme des Museumsdirektors, der ihm mitteilte, dass der Papyrus, den sie noch am Morgen gemeinsam studiert hatten, nach Schließung des Museums von seinem Platz verschwunden und bislang noch nicht wiedergefunden worden war. Er bat ihn, zurückzurufen, egal wie spät es werden sollte.
Als er ihn gleich darauf anrief, stellte er auf Lautsprecher, damit alle mithören konnten. Schon nach dem zweiten Läuten meldete sich der Direktor. »Danke für den Rückruf, werter Freund. Es ist geradezu unheimlich. Stellen Sie sich bitte vor, der Papyrus ist mehr oder weniger direkt vor unserer Nase verschwunden. Ausgerechnet jener mit den Aufzeichnungen über den großen Sturm, den Kasimir heute Morgen übersetzt hatte. Ich habe versucht, Sie zu erreichen, in der Hoffnung, dass Sie oder Kasimir vielleicht eine Idee hätten, was es mit dem Diebstahl auf sich haben könnte?«
Professor Bernard blickte fragend in die Runde. »Denkt ihr dasselbe wie ich?«
Alle nickten wortlos.
Kasimir sagte nur: »Herreira.«
»Direktor, wir haben zumindest einen Verdacht. Es scheint,

Ihr ehemaliger Assistent, Señor Herreira, hat heute Nachmittag Kasimir entführen lassen. Zum Glück ist ihm dank seines Freundes Kainu die Flucht gelungen. Wir könnten uns vorstellen, dass Señor Herreira möglicherweise auch hinter dem Diebstahl des Papyrus steckt. Er scheint auf alle Fälle in Paris zu sein.«

Am anderen Ende der Leitung war es still geworden.
»Direktor? Direktor, sind Sie noch dran?«
»Ja, ja, gewiss, ich bin noch dran. Wenn auch etwas durcheinander. Mir fällt es schwer zu glauben, dass ich mich so in Herreira getäuscht haben soll.«
Der Professor sah die Freunde an. »Was haltet ihr davon, wenn wir morgen sehr früh noch mal im Museum vorbeifliegen? Vielleicht fällt uns ja irgendwas auf.«
Alle stimmten zu, und der Direktor nahm den Vorschlag dankend an.
»Vielleicht können wir ja beides, den Museumsbesuch und den Flug zum Eiffelturm miteinander verbinden, bevor wir uns dann direkt auf den Weg nach Portugal machen?«, schlug Stella noch vor, bevor sie alle zu Bett gingen.

Noch vor Sonnenaufgang standen sie auf, wie schon am Tag zuvor, um lange vor der Öffnung des Museums dort zu sein. Nach einem schnellen Frühstück, und nachdem sie alles für die Reise gepackt hatten, flogen sie zusammen mit Professor Bernard los zum Museum.
Der Professor war sichtlich aufgeregt und hatte sich für den Flug zum Eiffelturm in seine damalige Fliegermontur geworfen.

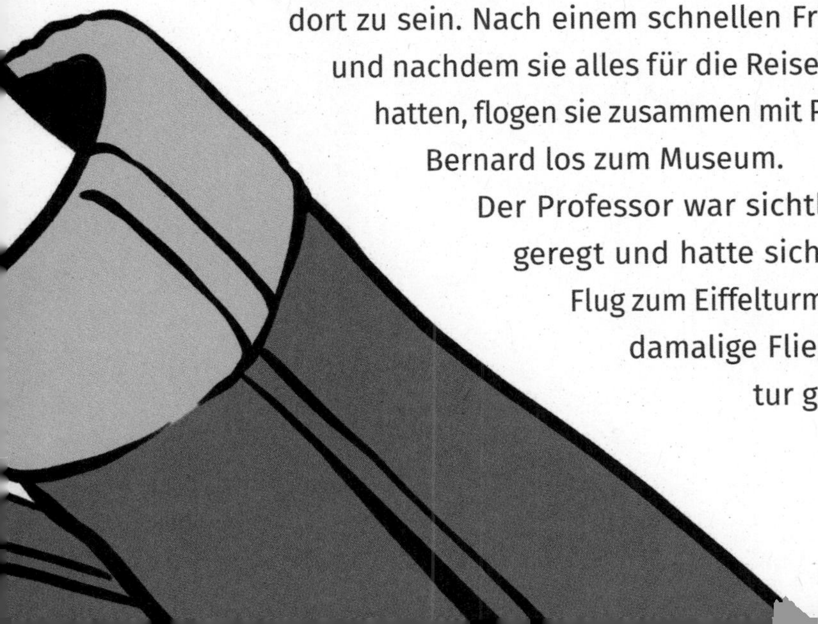

Er sah verwegen aus – mit der ledernen braunen Fliegerjacke, dem lässig um den Hals geworfenen weißen Schal, der alten Flughaube und als Krönung des Ganzen, der noch älteren Fliegerbrille.
Kurze Zeit später waren sie wieder am Hintereingang des Museums, wo der Direktor schon auf sie wartete. Als er den Professor sah, musste er schmunzeln: »Mon Dieu, Professor, Sie sehen ja abenteuerlich aus! Schön, dass Sie kommen konnten. Schnell, meine Freunde, lasst uns hineingehen! Das Ganze ist äußerst merkwürdig. Das Einzige was gestohlen wurde, ist der Papyrus. Ich kann mir keinen Reim darauf machen.«
Als sie im Saal ankamen, war die Vitrine immer noch mit einem gelb-schwarzen Absperrband der Polizei eingezäunt. Der Direktor stieg darüber hinweg und zeigte aufgeregt auf die Vitrine, bei der die Scheibe eingeschlagen und der Papyrus verschwunden war.

»Die Polizei hat weder Spuren noch Fingerabdrücke gefunden. Unglücklicherweise hatte die Vitrine keine Alarmanlage, da der Papyrus keines der wirklich kostbaren Stücke der Sammlung ist. Übrigens, ich habe der Polizei nichts von eurem Besuch und Kasimir erzählt. Ich befürchtete, dass sie das wahrscheinlich mehr verwirren würde, als es ihnen geholfen hätte. Und außerdem muss sie ja nicht alles wissen«, fügte er noch mit einem Zwinkern hinzu.

»Direktor, haben Sie über die Möglichkeit nachgedacht, dass Ihr Señor Herreira hinter dem Diebstahl stecken könnte?«, fragte Professor Bernard.

»Das habe ich, und ich muss zugeben, dass er schon ein Interesse daran haben könnte. Aber vielleicht war's ja doch jemand anderes.«

Matteo, der sich gerade die Vitrine näher ansah, blickte auf.

»Direktor, aber wer sollte denn sonst an diesem Papyrus Interesse haben, wenn er denn gar nicht so kostbar ist?«

»Gute Frage, junger Mann. Genau das verstehe ich ja eben auch nicht. Auf dem Schwarzmarkt ist er nicht verkäuflich. Jeder würde wissen, dass er aus dem Louvre gestohlen wurde. Das einzig Besondere an dem Papyrus scheint mir die Information über Kasimirs Zeitreise zu sein. Aber diese Information hat sich erst seit eurem Besuch gestern Morgen ergeben. Irgendwie macht das alles keinen Sinn.« Er stand da und schüttelte ratlos den Kopf.

»Heißt das«, schlussfolgerte Matteo, »dass nur jemand,

der sich für das Phänomen Zeitreise interessiert und den Papyrus damit in Zusammenhang bringt, als Verdächtiger infrage kommt?«
Die anderen sahen ihn erstaunt an.
Professor Bernard meinte: »Scharfsinnig, scharfsinnig, Matteo. Ich sehe schon, worauf du hinauswillst. Du denkst, es kommt wirklich nur einer infrage – Herreira.«
Matteo nickte.
Kasimir blickte zu Matteo. »Erinnert ihr euch? Ich hatte doch gestern Morgen das Gefühl, dass noch jemand hier war. Und dieser Jemand hat uns wohl auch belauscht, als ich den Papyrus übersetzt habe. Ansonsten würde er ja gar nicht wissen, dass das ein Beweis für meine Zeitreise sein könnte, oder?«
»Das macht Sinn«, meinte Stella. »Und da hat er wahrscheinlich auch erfahren, dass wir zur brasilianischen Botschaft wollten. Wohin er dann die zwei Entführer geschickt hat.«
Sie machte eine kurze Pause. »Aber wenn ich dieser Señor Herreira wäre, dann hätte ich mich nach der Entführung und dem Diebstahl schnellstmöglich aus dem Staub gemacht.«
Der Direktor und Professor Bernard waren beeindruckt.
»Ich glaube, ihr könntet mit dem, was ihr da sagt, recht haben. Auch wenn mir der Gedanke nicht gefällt«, meinte der Direktor.
Professor Bernard nickte. »Das glaube ich gern, werter Freund. Aber vielleicht sollten Sie die Polizei bitten, nachzuforschen, ob dieser Señor Herreira gestern Abend oder heute früh

möglicherweise
mit dem Flugzeug
Paris verlassen hat.«

»Gute Idee. Aber wisst ihr, die Vorstellung, dass mein ehemaliger Assistent hinter der Entführung und dem Diebstahl stecken soll, erschreckt mich zutiefst«, erwiderte der Direktor sichtlich enttäuscht und rief die Polizei an.

Zehn Minuten später – die Freunde und der Direktor waren

schon wieder am Hinter-
ausgang – rief die Polizei zurück.
Am Gesichtsausdruck des Direktors war abzu-
lesen, dass ihn die Information, die er erhalten hatte, bestürzte. »Liebe Freunde, wie es scheint, habt ihr leider recht gehabt. Manuel Herreira hat gestern Abend die Air-France-Maschine nach Rio de Janeiro genommen. Unglücklicherweise ist die Maschine dort schon gelandet, und von meinem früheren Assistenten fehlt jede Spur. Den Rest müssen wir wohl der brasilianischen Polizei überlassen. Aber es scheint, wir wissen jetzt, wer der Dieb ist. Mir fällt es immer

noch schwer, das zu glauben! Wie man sich doch in einem Menschen täuschen kann. Aber warum nur? Was verbirgt der Papyrus sonst noch, dass man ihn unbedingt stehlen muss?« Geknickt stand er da und wollte es nicht fassen.
»Mein guter Freund«, tröstete ihn Professor Bernard, »lassen Sie den Kopf nicht hängen. Das Leben geht weiter.«
»Und Herr Direktor«, fügte Kasimir hinzu, »sollte ich auf meiner Suche nach einem Zeitreisesturm auf den Papyrus oder Señor Herreira stoßen, werde ich es Sie wissen lassen.«
Der Direktor schaute Kasimir dankbar an. »Das ist sehr nett von dir, Kasimir. Ich wünsche dir viel, viel Glück.«
Der Professor zog seine Fliegerbrille auf die Nase, legte den Schal zurecht und meinte, an den Direktor gewandt: »Verzeihen Sie, mein Freund, aber wir müssen jetzt leider los, ein

ganz besonderes Abenteuer wartet auf mich.« Dann wandte er sich an Kasimir: »Meinetwegen kann es losgehen.«
»Leben Sie wohl, Direktor, und vielen Dank für alles!« riefen die Freunde, als Kasimir sich in die Luft erhob.
»Euch auch alles Gute und habt eine glückliche Reise!« Der Direktor stand noch eine Zeitlang da und sah ihnen hinterher, wie sie in den frühen Morgenhimmel davonflogen.

15. Noch einmal Eiffelturm

Der Professor, dessen ursprüngliche Scheu vor dem Teppichfliegen vollkommen verschwunden war, saß mit einem breiten Grinsen zwischen seinen neuen Freunden. Voller Begeisterung ermunterte er Kasimir, ruhig etwas schneller zu fliegen. Das ließ sich dieser nicht zweimal sagen und jagte mit hoher Geschwindigkeit dem stählernen Turm entgegen.

Professor Bernard fühlte sich wieder wie damals vor vielen, vielen Jahren, als er mit

seinem Doppeldecker auf den Eiffelturm zugeflogen war. Auch damals war er, um keine Aufmerksamkeit zu erregen, in den frühen Morgenstunden, aufgebrochen. Aus dem Professor war jetzt wieder der junge Draufgänger Bernard geworden, der das Fliegen über alles liebte. Tragischerweise hatte ihn seinerzeit ein Polizeiaufgebot erwartet, das ihn am Durchfliegen des Eiffelturms gehindert hatte. Diese Verrücktheit hatte ihn dann seine Pilotenlizenz gekostet und damit das Ende seiner großen Leidenschaft, der Fliegerei, bedeutet. Heute war niemand da, und so schossen sie ganz ungehindert dem Torbogen des Eiffelturms entgegen und flogen nur wenige Augenblicke später mit Höchstgeschwindigkeit zwischen den vier Füßen hindurch. Der Professor jubelte. Anschließend zog Kasimir in einer rasanten Rechtskurve senkrecht nach oben Richtung Aussichtsplattform und umrundete diese dreimal. Den Professor hielt es vor Begeisterung kaum noch auf dem Teppich. Er strahlte wie ein kleines Kind, und Tränen der Freude standen ihm in den Augen. Nachdem sie die Plattform das dritte Mal umrundet hatten, stupste er Kasimir an und meinte: »Kasimir, das war wie eine kleine Zeitreise für mich. Ich danke dir! Du hast mir ein großes Geschenk gemacht.«

»Jederzeit wieder, es war mir wirklich eine große Ehre, Professor Bernard.«

»Meint ihr, ihr könntet mich noch nach Hause bringen? Ich würde euch gerne noch etwas mitgeben. Das habe ich heute Morgen glatt vergessen.«

Kurze Zeit später hatten sie wieder die Dachterrasse des Professors erreicht.
»Wartet bitte einen Augenblick, ich bin sofort wieder da.«
Als er zurückkam, hielt er eine alte Ledermappe in der Hand. »Hier habe ich ein paar Dinge, die ihr vielleicht noch gebrauchen könnt, und die ich euch gern schenken möchte.«
Er öffnete die Mappe und nahm einige Gegenstände heraus. »Stella, Matteo. Für den Fall, dass eure Handys mal nicht mehr weiterwissen. Hier ist ein sehr alter Kompass, der etwas mehr kann, als nur die Himmelsrichtung anzuzeigen. Was, das werdet ihr noch herausfinden. Er hat mir treue Dienste geleistet und mir immer geholfen, den richtigen Weg zu wählen. Und dazugehörig gebe ich euch und Kainu die passenden Landkarten mit. Aber, seid gewarnt, auch diese sind keine ganz gewöhnlichen«, fügte er mit einem verschmitzten Lächeln hinzu. »Sie zeigen euch immer nur das Wesentliche. Allerdings manchmal mehr und manchmal weniger, als man gerne hätte.«
Und nach einer kurzen Pause. »Ja, und das hier«, er zog eine kleine Papierrolle heraus, »das ist auch etwas sehr Wertvolles. Kasimir, der ist für dich – ein sehr, sehr alter Papyrus aus deiner Heimat. Er ist voller altägyptischer Hieroglyphen, von denen ich nur wenige übersetzen konnte. Aber aus dem, was ich verstanden habe, sagt mir ein Gefühl, dass dir dieser Papyrus irgendwann noch mal weiterhelfen kann. Frag mich nicht, warum und weshalb. Es ist nur so eine Ahnung.«

Dann wandte er sich an Hanna: »Kleine Prinzessin, für dich habe ich auch etwas. Diese Halskette, so erzählte mir die Indiofrau, von der ich sie gekauft habe, hat vor langer Zeit einmal einer südamerikanischen Prinzessin gehört. Ich fand sie einfach wunderschön, als ich sie damals in Quito gekauft habe. Ich hoffe, sie gefällt dir.« Er räusperte sich kurz und blickte die Freunde feierlich an.

»Passt gut auf die Dinge auf. Sie könnten sich einmal als sehr wertvoll für euch erweisen. Und da ich in absehbarer Zeit auf keine großen Abenteuerreisen gehen werde, sind sie bei euch bestens aufgehoben. Mögen sie euch Glück bringen. Haltet mich auf dem Laufenden, und wenn ich irgendwas für euch tun kann, ihr wisst, wo ihr mich findet.«
Er packte alles wieder in die Ledermappe, verschloss sie sorgsam und reichte sie Stella.
»Vielen Dank für alles, Professor«, sagten die Kinder und Kainu mit Tränen in den Augen.

»So, und jetzt los mit euch! Ihr habt eine lange Reise vor euch.«
Kasimir, dem auch ein Kloß im Hals steckte, sagte: »Professor, haben Sie herzlichen Dank. Ich hoffe sehr, dass wir uns wiedersehen!«, und zu den Freunden gewandt: » Ich glaube, wir sollten los.« Damit erhob er sich und sie flogen über die Dächer von Paris ihrem nächsten Abenteuer und dem Leuchtturm von Berlenga entgegen.

Ende

»Freunde,

schön dass ihr mit dabei wart. Wäre toll, wenn Ihr uns auch beim nächsten Abenteuer wieder zur Seite steht. In der Zwischenzeit bleibt mutig, helft denen die Hilfe brauchen und lasst uns die Welt jeden Tag ein kleines Stück weit besser machen.

Auf bald wieder,

eure Stella, Hanna, Matteo,
Kainu und Kasimir.«

Band 3

Das unheimliche Fort

Ihr glaubt gar nicht, wie unheimlich so ein verlassenes Fort sein kann!

Aber der Reihe nach. Wir müssen zu Pietro, dem Leuchtturmwärter von Berlenga. Er ist der Einzige, der uns bei der Suche nach Kainus Familie weiterhelfen kann. Doch auf der Insel angekommen, fehlt von Pietro jede Spur. Selbst die Einheimischen haben keine Ahnung, wo er steckt. Dafür geht ein unheimliches Gerücht über dieses Fort um. Und glaubt uns, das macht die Suche nach Pietro nicht einfacher.

Aber Aufgeben ist keine Option ...

Band 4

Malas geheime Insel

Kaum zu glauben, aber selbst mitten auf dem Ozean geraten wir in gefährliche Situationen!

Wir sind auf dem Weg zu Mala, einer Frau, die in die Zukunft sehen kann. Klingt verrückt? Ist es auch. Und die Insel, auf der sie wohnt, ist natürlich auf keiner Karte eingezeichnet. Aber das ist gerade unser kleinstes Problem, denn wir sitzen leider auf einem alten Frachter fest. Uns steht das Wasser bis zum Hals, und wie wir aus der Nummer wieder rauskommen, wissen wir ehrlich gesagt nicht.

Hoffentlich fällt Kasimir und Kainu ganz schnell etwas ein ...

Kommt uns besuchen!

www.auf-fliegender-mission.de

Auf fliegender Mission

Der verschwundene Papyrus

KUCHER, Lutz
Auf fliegender Mission
Der verschwundene Papyrus
ISBN 978-961-95126-2-3

Illustrationen - Lidija Plestenjak
Graphik Design - Kostja Bras
Creative Direction - Lutz Kucher
Lektorat - Wunderland Lektorat
Vorlektorat – Stefan Wendel
Korrektorat - Jedida Astrid Hennig
Reproduktion - Gregor Šuštar
Druck und Bindung - Florjančič tisk d.o.o.
Verlag - Lighthouse 01 d.o.o., Ljubljana, Slowenien

1. Auflage 2021

CIP - Katadožni zapis o publikaciji
Narodna in univerzitetna knjižnica, Ljubljana

821.112.2-93-32

KUCHER, Lutz
Auf fliegender Mission. Der verschwundene Papyrus / Lutz Kucher ; [Illustrationen] Lidija Plestenjak. - 1. Aufl. - Ljubljana : Lighthouse 01, 2021

ISBN 978-961-95126-2-3
COBISS.SI-ID 31139587